FRÉDÉRIC MARCELIN

BRIC-A-BRAC

PARIS

SOCIÉTÉ ANONYME DE L'IMPRIMERIE KUGELMANN

(L. CADOT, Directeur)

12 — Rue de la Grange-Batelière — 12

1910

BRIC-A-BRAC

FRÉDÉRIC MARCELIN

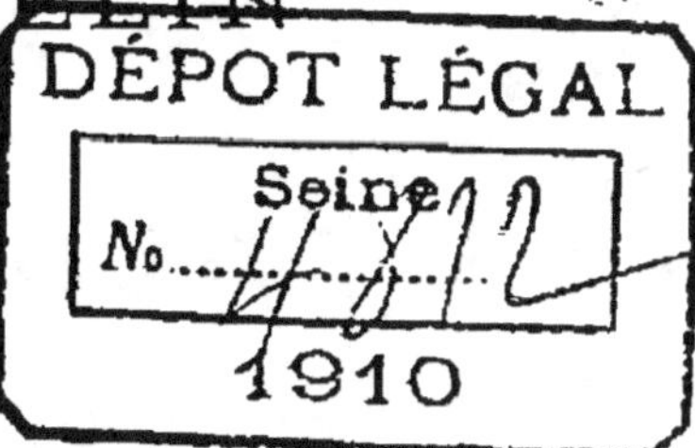

BRIC-A-BRAC

PARIS

SOCIÉTÉ ANONYME DE L'IMPRIMERIE KUGELMANN

(L. CADOT, Directeur)

12 — Rue de la Grange-Batelière — 12

—

1910

AVANT-PROPOS

Bourbonne-les-Bains, où le médecin m'a envoyé à la suite d'une grave maladie... Nulle distraction, rien qui rappelle la station mondaine. Les gens qu'on rencontre ici sont réellement des malades et n'ont d'autre préoccupation que le soin de leur santé. Les femmes sont sans prétention. Vainement chercherait-on dans le modeste casino la moindre *entravée* (1). Donc, ni robes à la mode, ni chapeaux monumentaux. Je vais à la douche et au bain un peu avant cinq heures. Bien que ce soit assez matin, déjà on arrive à l'établissement, et il y en a même qui en reviennent, ayant fini de se baigner, de se doucher, de boire. Tout le monde est en fort simple apparat. Je suis, comme tout le monde, en pantoufles, et, sous mon veston, je garde ma chemise de nuit. On ne fait quelque toilette que pour la table, et à partir de onze heures.

La journée se passe à tourner dans tous les sens

---

(1) Le lendemain que j'écrivais ces lignes, j'en ai rencontré deux dans les allées du parc.

dans la petite ville. On y tourne même beaucoup
en se crottant dans la bouse, les vaches étant nombreuses dans les rues. On flâne à la devanture des
magasins, à la porte des quelques marchands de
journaux, on va à la gare regarder l'arrivée et
le départ des trains. Cela fait passer le temps.
En somme, très petite station. Le nombre des
baigneurs et buveurs ne doit pas atteindre deux
mille pour toute la saison, laquelle est de juin à
septembre. De temps en temps, on entremêle à
cette vie paisible quelques excursions aux environs, la campagne étant fort belle et les cultures
soignées... Mais ce qui est vraiment idéal, ce qui
est incomparable, c'est l'air qu'on respire ici, cet
air inégalable qui vient des Vosges, et qui, en
dépit des ondées, reste vif et sec. — Je ne le trouve
tel peut-être que parce que je viens de Paris. —
Il vaut bien les joies des stations en vogue, en
dehors même de l'efficacité des eaux qu'on dit
surpasser celles de Wiesbaden. Faisant la part
de l'exagération, prenons seulement qu'elles les
égalent.

Malheureusement, il n'est pas possible, en ce
mois de juin, de se promener comme on voudrait :
les pluies, qui règnent un peu partout en France,
n'épargnent pas la petite ville. Il faut souvent

rester à l'hôtel, ou s'enfermer au Casino. D'ailleurs, on n'y rencontre presque personne. Il est donc mieux de garder la chambre. A travers les vitres, on voit tomber la pluie, souffler le vent. On peut rêver, on peut écrire, et j'en profite pour faire cet avant-propos à *Bric-à-Brac*.

Je n'ai pas changé une ligne, ni même un mot à ce livre, écrit en 1904. Je désire qu'on en soit bien persuadé. Je le donne tel quel, tel que je le fis à cette époque. Il n'a, du reste, aucune prétention, aucun mérite non plus, que celui d'être l'exacte reproduction de mes sensations et sentiments selon qu'ils se produisaient en moi, au jour le jour. Je le dis, et cela est.

Il est probable, toutefois, que je ne l'aurais pas publié si le général Nord Alexis vivait encore. J'eusse attendu peut-être. Non que j'eusse appréhendé son déplaisir. Mais j'aurais craint que quelques personnes, se méprenant sur ma pensée, n'en prissent occasion pour lui présenter ce livre comme un acte inamical. Et cela seul, ce soupçon de donner matière à la calomnie, aurait suffi pour m'arrêter. Au fond, ce n'eût été, de ma part, qu'un excès de délicatesse, un scrupule exagéré.

Car j'étais absolument sûr d'être, sur ce terrain, d'un patriotisme bien compris, toujours d'accord avec le général Nord. Entre ses qualités, il avait celle-ci au plus haut degré : faire passer l'intérêt vrai du pays au-dessus du sien propre. Il m'eût suffi, au rebours de la calomnie puérile, de lui faire entendre que ce livre n'était pas la critique de son gouvernement, était la critique surtout du gouvernement tel qu'il existe en Haïti, et qu'il était plutôt, en ce sens, un acte de foi vers l'avenir...

Certainement, il m'eût compris comme il me comprit quand il reçut les deux premières parties de mon ouvrage : *Le Général Nord Alexis*. Et c'est avec plaisir que je donne ici la lettre qu'il m'adressa à ce sujet. Elle est une preuve de la tolérance de son esprit. Livré à lui-même, il voyait mieux et plus haut que beaucoup de nos chefs d'Etat, mieux que beaucoup d'autres auraient vu à sa place :

« *Kingston, le 2 décembre* 1909.

« Cher monsieur Marcelin,

« J'ai reçu avec plaisir vos deux volumes à mon adresse et vous en remercie vivement.

« Je les ai lus avec attention, et vous en exprime ma satisfaction. Les écrits sincères d'un écrivain indépendant tel que vous sont toujours appréciés, et vous avez éclairci certains points, très nécessaires, sur votre gérance qui témoignent de vos capacités et de votre bonne foi. C'est une œuvre approfondie, utile à l'avenir, et qui sera votre sauvegarde dans l'opinion future.

« Votre ouvrage a été très bien reçu en Haïti, et particulièrement à Port-au-Prince, où il occupe sérieusement l'attention publique.

. . . .

« Je vous envoie mes amitiés, cher monsieur Marcelin, et l'assurance de ma considération distinguée.

« 2, Norman Road.

« NORD ALEXIS. »

Cette lettre, on le voit, n'est pas d'un sectaire, d'un idolâtre du *moi* héréditaire de nos gouvernants, et fanatique d'une pratique exécutive que je dénonçais sans ménagement dans maintes parties de l'ouvrage. Il eût donc admis, j'en suis persuadé, ma critique de cette année 1904, — laquelle année, tant au point de vue financier que politique, et du reste à tous les points de vue, fut une époque désastreuse, pénible en tâtonnements et en indécisions de toutes sortes, dont le legs fatal, en tout son poids terrible, pesa sur le régime. Mais le vaillant nonagénaire, depuis deux mois, est mort en terre d'exil... Je suis ainsi libéré de mon scrupule, et n'ai plus à y songer.

Au surplus, le général Nord Alexis ne fut un sectaire que contre les conspirateurs. Je sais qu'on a voulu tirer argument contre lui, et pour l'opposer à lui-même, qu'il fût, avant d'arriver au pouvoir, un agitateur émérite. Je n'ai pas à m'arrêter à cette assertion. Elle ne prouverait rien, en somme. Elle serait insignifiante au regard de ce que je soutiens qu'il fut, à la Présidence, un ennemi farouche, irréductible des conspirateurs, non dans un intérêt personnel et en vue de sa stabilité au pouvoir, mais dans l'intérêt supérieur de son pays et en vue de sauvegarder son indépendance contre les entreprises extérieures. Qu'importe qu'il ait conspiré lui-même toute sa vie, et qu'il ait cherché antérieurement à renverser des gouvernements ? L'important est de savoir s'il fut sincère, de bonne foi, durant son septennat, dans sa haine contre les agitateurs. Or, j'affirme qu'il le fut sans rémission, sans réticence, dans la pleine certitude qu'il rendait un suprême service à sa patrie en les combattant à outrance. Et c'est très heureux pour eux qu'il soit arrivé au pouvoir à un âge et avec des infirmités physiques qui paralysèrent la force de réalisation de sa pensée, tributaire alors de tout et de tous. Sans doute, plus vert, il fût allé plus loin, jusqu'au bout, et n'eût reculé devant aucun obstacle pour déraciner l'arbre des révolutions, lequel, toujours abattu, renaît toujours de ses multiples et profondes racines. Je ne crois pas pourtant qu'il eût mieux réussi que nos autres chefs militaires, car le sang versé par eux, en dehors de l'Indépendance, n'a jamais donné rien qui vaille, par la raison bien simple qu'ils sont absolument inaptes à ce rôle d'éducateurs pacifiques, progressistes et créateurs de richesse sociale

J'ai parfois entretenu de la question du militarisme en Haïti le général Nord Alexis. Il m'a dit souvent qu'il savait que j'étais opposé à ce système, et qu'il avait lu notamment une page de l'*Haleine du Centenaire*, où je le conviais personnellement à déposer, à l'occasion du Centenaire de notre Indépendance, ses épaulettes et son épée sur l'autel de la Patrie. Il m'en parlait sans aigreur, et semblait prendre même un certain intérêt à essayer de me ramener à ses idées.

— Voyez-vous, insistait-il, il ne faut pas aller trop vite. Il y a deux choses qui sont ici l'œuvre du temps, que le temps seul pourra modifier : l'article 6 et le militarisme. Si vous voulez les brusquer, vous provoquerez une catastrophe.

— Je ne le crois pas, Excellence. Je pense, au contraire, que c'est le système militaire tel que nous l'appliquons qui entrave notre marche, et que nous allons précisément à la catastrophe grâce à lui.

Le général semblait méditer un moment. Et, reprenant, il me demandait :

— Alors, selon vous, parce que je suis militaire, je ne devrais pas être chef d'Etat ?

— Je ne dis pas cela, Excellence... Du reste, c'est peut-être bien comme administrateur, car vous avez le juste souci de mériter ce titre, que vous justifiez la confiance nationale.

Le général souriait complaisamment à ma petite flatterie. Levant ses lunettes vers moi, il secouait la tête et concluait :

— Tout de même, si je n'avais pas eu mon

armée, je ne serais pas Président et vous ne seriez
pas mon secrétaire d'Etat.

Il y a déjà pas mal d'années qu'un autre chef
militaire, dont j'avais été un des ministres, me
rappelait aussi : « Vous êtes pour une évolution. »
— Or, je crois plus que jamais que cette évolution
est indispensable si on veut une amélioration
sérieuse dans les affaires du pays. Tout le temps
que l'armée sera ce qu'elle est chez nous, la seule
institution nationale, la seule devant laquelle tout
courbe et tout ploie, celle qui absorbe tout,
finances et hommes, celle qui nivèle tout le monde
sous sa domination, rien de bon, rien de bien,
rien d'utile ne pourra se faire. Sauf Boyer et
Salomon — et encore ! — nos chefs d'Etat eurent
des cerveaux, de par le militarisme qu'ils repré-
sentaient, forcément rudimentaires. Je veux
entendre ici les mieux doués, ceux qui furent,
comme Boisrond-Canal, Hippolite ou Nord Alexis
assez bien pourvus sous le rapport de l'intelligence, des rapports sociaux et de l'éducation. Je
ne parle pas des parfaitement ignorants, de ceux
qui vérifièrent dès cette vie, et à notre détriment, cette parole du Christ : *Les derniers seront*

les premiers, c'est-à-dire nos maîtres, nos élus. Mais, en conscience, peut-on reconnaître à aucun de nos chefs d'Etat aucune des qualités qui font les vrais conducteurs de peuples ?

Certains ont pu mériter accidentellement le titre de bons, et j'avoue que ce titre-là c'est quelque chose, la bonté étant un don magnifique, trop rare en nos potentats. Mais même quand ce n'était pas hypocrisie ou faiblesse, leurs lieutenants comblaient par ailleurs la lacune. On avait alors, et on a généralement, la multitude des petits tyrans, piliers de l'ordre public, sur toute la surface du pays. Fruits spontanés du militarisme, ils se développent à son ombre comme les champignons croissent à l'ombre protectrice de la forêt, tout naturellement.

Leur caractéristique, à tous, s'est toujours établie sur ces deux principes fondamentaux, fâcheux pour notre sécurité personnelle et absolument néfastes à notre développement rationnel :

1° Ne faisant jamais de distinction entre leurs victimes dans la distribution des châtiments, peines et punitions, non seulement ils ne distinguent pas les innocents des coupables, mais encore tous les citoyens sont pesés à la même balance, et ont le même poids. Quels que soient votre éducation, votre savoir, votre rang social, vos vertus, vous êtes tributaire du bâton, de la prison, des fers, de l'injure gratuite, et de la fusillade. Si nous avions un Victor Hugo, il ne pèserait pas plus devant eux que le moindre militaire mal vêtu, peu ou point chaussé, qui, le soir, au marché des herbes, gagne péniblement dix centimes en portant sur sa tête une *barque* de revendeuse rentrant de sa journée. C'est l'égalité, c'est la démocratie la plus outrée, comme le proclamait Salnave, exercée à leur profit et à vos dépens. Vous n'en bénéficiez qu'en ce point unique.

La République entière est donc réglementairement soumise au régime du parfait soldat, c'est-à-dire du serf, tel qu'ils l'ont toujours pratiqué et toujours compris. Le reste, c'est de la phrase. Vous pourrez vous étonner parfois de ce qui vous arrive, mais eux, ils trouvent cela très simple. Rien à objecter puisque le système régit, a régi, régira tout le monde, soit aujourd'hui, soit hier, soit demain.

2° En dépit du patriotisme qu'il peut avoir, il n'y a pas de chef militaire haïtien capable de résister aux pièges de l'intérêt privé se couvrant du voile — combien grossier parfois ! — de l'intérêt public. Il y aurait beaucoup à dire sur ce chapitre. Qu'on se rappelle seulement ce qui s'est passé, il y a à peine quelques années, à propos de l'éclairage électrique de Jacmel. Cette ville ayant brûlé, on fit une nouvelle convention. Bonne ou mauvaise, là n'est point la question. Elle existait, c'était le fait. Au moment où le concessionnaire ne savait plus à quel saint se vouer pour en exécuter les clauses, c'est-à-dire comment faire pour, aux termes de son contrat, arriver à éclairer Port-au-Prince, au moment précis où — si on jugeait la nouvelle convention contraire aux intérêts du pays — il fallait d'autant l'acculer à son observation stricte pour avoir barre sur lui, on combina bien plutôt de lui accorder tous les délais qu'il sollicitait. Puis cela n'étant pas assez expéditif, on recourut aux grands et traditionnels moyens. Pour lui permettre de sortir à son honneur, c'est-à-dire avec une fructueuse indemnité, de l'impasse où il se trouvait, on suggéra au chef de l'Etat de lui enlever *manu militari* le service des eaux de Port-au-Prince, dont il avait la concession en vertu de la nouvelle loi votée. Il fut représenté au général-président, sous les couleurs les plus vives, que l'honneur national était outragé de ce qu'un étranger nous distribuait l'eau nécessaire à étancher notre soif.

— Depuis, malgré de grosses sommes dépensées, nous n'avons pas d'eau du tout, et ne savons à qui nous en prendre ! — Dès lors, la mauvaise action était accomplie au profit de ceux qui en tenaient les fils. L'affaire était portée sur le terrain diplomatique, au grand dommage du Trésor public, quand c'était à nous plutôt de réclamer des dommages-intérêts (1).

Est-ce que vous n'avez pas idée qu'un chef civil, à égalité de patriotisme et de probité, aurait flairé le piège ? Il n'y serait tombé que volontairement et s'il était un misérable coquin. Mais ici on n'a eu qu'à faire appel aux velléités d'arbitraire du chef, à son *manu militari*, toujours en réserve, toujours prêt à donner, pour triompher de sa raison, de son cerveau, peu exercé aux subtilités du patriotisme haïtien. Et le pays non seulement paya la forte indemnité, mais n'eut pas l'éclairage électrique à Port-au-Prince, laquelle ville continua plus que jamais à souffrir de la soif, tandis que les bâtiments de l'usine de Jacmel, représentant actuellement, à notre débit, plus de 400,000 dollars, abandonnés, délaissés, livrés à la pâture,

(1) Il est bon de rappeler que c'est à M. Solon Ménos, grâce à l'arbitrage, que le pays a pu éviter des dommages encore plus grands.

sont tombés en nulle valeur... Ce sont là les moindres bienfaits du régime militaire, dont la première magistrature de l'Etat est, depuis l'Indépendance, l'apanage héréditaire.

**

J'ai une très grande liberté d'esprit pour écrire ces choses, car de tout temps j'ai pensé, j'ai écrit ainsi, et pas seulement d'aujourd'hui. Elles n'amoindrissent aucunement ma respectueuse et toujours invariable affection pour les deux chefs militaires dont j'ai été le ministre, que j'ai servis avec le plus entier dévouement, et à la mémoire desquels je reste absolument fidèle. Mais il faut songer au pays et lui dire la vérité : tout notre mal vient de ce que nous sommes boulonnés au militarisme. Les abus ne cesseront, ne s'atténueront progressivement que quand les fondements de l'arbitraire militariste seront ruinés en Haïti. Autrement, il n'est pas téméraire de penser que, par nous-mêmes, nous ne pourrons rien pour notre relèvement social. Or, il n'est pas possible, et je me refuse à le croire, que nous n'ayons pas le légitime orgueil de tenter cet effort de nos propres forces.

Ce ne sera pas chose facile. En effet, on reste

étonné devant l'aveuglement de certains de nos politiciens qui, menant, soit dans la presse, soit au Corps législatif — il est vrai accidentellement et selon les besoins du moment — des campagnes où la discussion doit jouir d'une certaine aisance, demeurent cependant obstinément indifférents au régime militaire. Si même d'autres s'élèvent contre cette situation dégradante, ils se gendarment... jusqu'au jour où ils en sont victimes à leur tour.

Un de ces politiciens, en termes discourtois, me reprochait dans son journal de faire tomber sur ledit régime la responsabilité de tout ce qui se fît de mal sous Nord Alexis. Quelques mois après, il fut emprisonné, et je crois qu'il est toujours en prison, sans pouvoir trouver des juges. Peut-être son jugement à lui s'est-il modifié alors.

Toutefois, il n'apparaît pas, après cette longue expérience de plus de cent ans, qu'il soit nécessaire de recevoir personnellement cette leçon de faits pour être bien fixé sur la valeur du militarisme en Haïti.

.

Je comprends les quelques rares concitoyens qui hésitent à rechercher les places de ministres sous nos chefs d'Etat militaires : ils ne savent jamais où cela peut les conduire. On a vu ce qui s'est passé à la chute du général Nord Alexis. Une véritable meute, espérant se repaître des dépouilles des vaincus, a demandé, sur le dos de ses secrétaires d'Etat, le redressement des torts qu'elle prétendait avoir reçus. Pendant des mois, on versa la calomnie, l'injure, la bave sur eux, et ceux qui faisaient cette besogne étaient les obligés et les courtisans de la veille. Les tribunaux, où naguère, sous le gouvernement déchu, ne retentissaient que la louange et l'hyperbole retentirent alors des farouches accents de la vertu indignée, de la justice reprenant sa revanche. Or, qui nous affirme que les formes protectrices de la loi ne seront désormais plus jamais violées, que l'emprisonnement préventif et indéfini ne sera plus la règle quand on le croira nécessaire à la sûreté de l'Etat, que les prévenus n'attendront plus le bon plaisir de l'autorité pour être interrogés, que l'arbitraire, jusqu'à ses plus extrêmes limites, ne reparaîtra plus, et que ce sera toujours après, mais jamais durant le régime, qu'on pourra en appeler à la justice pour qu'elle vous entende et vous écoute ?

Bien fol le prophète qui oserait une telle prédiction.

Ceux donc qui consentent à accepter des fonctions de secrétaire d'Etat sous le régime de nos chefs militaires peuvent toujours s'attendre à semblable aventure. On court cependant cette chance : ils sont rares, très rares, ceux qui volontairement s'abstiennent. Car il est dans la nature humaine de se signaler, de se mettre en évidence, d'occuper, s'il est possible, les premiers rangs. L'ambition politique n'est pas toujours l'expression de la bassesse et de la soif des jouissances. Elle est souvent une noble et grande passion. Se distinguer, sortir de la foule, cela procure des sensations éliminatoires du danger, et auxquelles ne résistent, en dehors de quelques désabusés de naissance, que les timides et les impuissants.

Si on réfléchissait — mais on ne réfléchit pas — il faudrait s'abstenir toute la vie de jouer un rôle politique en Haïti..... Hélas ! depuis que le pays existe, c'est la même chose qui est et qui continue.

Je m'attends à ce qu'on incrimine ce que j'écris ici.

On comprend bien, pourtant, que ce n'est pas individuellement que je m'occupe des chefs de notre armée : elle possède des officiers dignes d'estime et qui seraient à leur place, en tant que militaires, en tous pays. Il est vrai qu'ils sont le petit nombre. Je ne parle de l'armée, ou plutôt du militarisme, que comme système gouvernemental. Il est néfaste dans le passé et est mortel dans le présent.

On conçoit aussi qu'il ne suffit pas de dire que tel ou tel chef d'Etat n'a été qu'un général d'occasion pour induire de là que son gouvernement est un gouvernement civil. C'est l'opposé de la vérité. Car cette sorte de gouvernement ayant un pseudo-civil à sa tête — lequel civil embrasse sans perte de temps les vertus malheureuses de l'état militaire, telles que nous les expérimentons depuis cent ans, en endossant, une fois monté au fauteuil présidentiel, l'habit galonné — est souvent pire que celui qui est franchement lui-même, c'est-à-dire qui n'est pas truqué : l'autre se croit, en conscience, toujours obligé de démontrer, au contraire du proverbe, que l'habit fait le moine. Il faut entendre par gouvernement civil la prédominance absolue, nécessaire, indispensable de cet état sur l'élément militaire. Or, tel n'a jamais été le cas en Haïti, à n'importe quelle époque.

Même s'il arrivait qu'un chef militaire, mieux doué du cerveau, plus dégagé de la vassalité de l'épaulette, parût donner quelque brèche à cette déduction, à savoir que le militarisme est notre plaie sociale, que cela ne prouverait absolument rien : la rigueur de la démonstration serait inébranlablement la même.

Dans la tentation de les dominer et de les mener, il a toujours existé chez nous une classe de citoyens jouant le rôle de conseillers et de directeurs politiques de nos militaires. Bien avant l'avénement au pouvoir de leurs chefs en vedette, il est de tradition de les entourer, de les cajoler, de capter leur confiance. On se flatte — ce n'est pas souvent ce qui arrive — qu'on les dirigera aisément, soit parfois pour le bien public, soit toujours pour le sien propre.

L'influence de cette classe de citoyens, qu'on pourrait appeler la classe des *militareux*, est visible dans notre histoire. Elle a été désastreuse. Quand elle disposait des voix dans nos Chambres législatives, loin de les donner au moins à des militaires capables, intelligents, progressistes, elle les donnait obstinément aux plus ignorants et aux plus despotes.

Or, le citoyen qui, disposant d'influences quel-

conques ou de voix dans une élection présidentielle, en fait semblable usage est criminel ou
aveugle.

Dans ma profonde sympathie — elle ne me
retire nullement le droit de voir tant ses défauts
personnels que ceux du régime qu'il personnifia
— pour le vieillard extraordinaire qui aima sa
patrie dans le sens des ancêtres et comme tout le
monde, sans doute, a cessé de l'aimer, il entre un
élément intime, particulier que j'ai déjà indiqué
ailleurs, mais sur lequel on me permettra de
revenir encore...

On sait que le général Nord Alexis m'offrit une
première fois d'entrer dans son cabinet et que je
refusai. La deuxième fois qu'il m'offrit le portefeuille des finances, il ajouta :

— Je fais là pour vous ce que je n'ai jamais
fait dans ma vie pour personne : appeler une
seconde fois quelqu'un qui m'a infligé un premier refus.

Le ton du général, en me parlant ainsi, n'était
pas menaçant. J'avais bien envisagé, durant cette
minute qu'il me faisait son offre, la fausse situation dans laquelle je me trouverais si je n'accep-
tais pas : fatalement je devenais suspect et j'étais

classé parmi les mécontents. C'était facile à prévoir, étant donnés la nature du gouvernement, l'entourage, les antécédents, mille autres circonstances. Mais je regardai le général, je pesai mentalement le son de sa voix, et je fus rassuré. J'aurais refusé à ce moment que je demeure persuadé qu'il ne m'eût pas gardé rancune, qu'il eût fait exception en ma faveur quand demain, selon l'usage, on me dénoncerait à lui. Cela me décida et j'acceptai. La sympathie personnelle que je sentais en lui, malgré tout ce qui devait l'écarter de ma personne, vainquit mes dernières hésitations. Je fus heureux qu'il m'en donnât témoignage et je me promis qu'il ne s'en repentirait pas.

Plus tard, longtemps après, le général revint sur cette particularité de ma nomination. Ce fut à propos de M. Georges Reignier. J'avais, dès le début, proposé ce concitoyen au Président pour être le directeur général de la Recette à Port-au-Prince.

— Non, monsieur, je n'en veux pas, me dit-il.

— Mais, Excellence, ce citoyen, à part son mérite personnel, a un bel acte à son actif : il a donné sa démission de directeur de la Douane de la capitale, de son plein gré, et cela est plus que rare.

— Vous trouvez qu'il faut l'en louer ?... Eh bien ! je ne veux pas de votre candidat.

Plus tard, je revins à la charge. Je présentai encore M. G. Reignier pour la Recette générale, mais cette fois comme sous-directeur. Le Président avait en principe, malgré les intrigues des uns et des autres, adhéré à la création de la nouvelle fonction. Mais, quand je lui nommai mon candidat, il devint subitement très froid. Durant plusieurs semaines, j'essayai vainement de vaincre son obstination. Je crus même un jour y avoir réussi ; à peine l'avais-je quitté qu'il envoya après moi un aide de camp pour me dire qu'il persistait dans son refus.

Or, je me jurai que j'aurais raison de cette obstination. Et chaque fois je mettais en avant le bel acte de M. Georges Reignier, qui, pauvre, avait préféré démissionner plutôt que de subir, pour garder sa place, ce qu'il estimait être une humiliation. Comme un jour j'essayais une nouvelle tentative pour le faire nommer à l'inspection générale des finances et des douanes, le président m'interrompit :

— Je vais vous donner la raison pour laquelle

je n'ai pas voulu agréer M. Reignier à aucune des charges pour lesquelles vous l'avez proposé : c'est précisément parce qu'il a donné sa démission de la douane... Je n'admets pas, quand un chef d'Etat fait à un citoyen l'honneur de l'appeler à une charge, qu'il la déserte. C'est, à mon idée, un outrage, une injure personnelle.

— Cependant, Excellence, un citoyen n'est pas un militaire, une sentinelle qui ne peut quitter son poste que quand elle en a été relevée.

— Pourquoi pas, monsieur ? C'est en vertu de cette même règle que quand quelqu'un m'a refusé une charge, je ne l'appelle plus jamais à aucune autre fonction. Je n'ai jamais fait qu'une seule exception, et c'est pour vous.

— Je vous remercie, Excellence, de cette exception ; elle m'honore infiniment. Cependant, permettez-moi d'insister, permettez-moi de vous dire que, ayant fait fléchir cette règle une fois déjà, et en ma faveur, vous devez continuer à peser les justes motifs qui peuvent empêcher un concitoyen d'accepter une fonction publique ou de s'en décharger... Et puis combien de fois, Excellence, cette circonstance s'est-elle présentée depuis que vous êtes chef d'Etat ? En dehors de M. Georges Reignier, qui démissionnera jamais, surtout de la direction d'une douane ? N'ayez crainte que ce mauvais exemple soit imité.

Le Président rit et n'ajouta rien.

Mais je fis si bien ce jour-là, et après, qu'enfin il adhéra à la nomination de M. G. Reignier comme inspecteur général des finances et des douanes.

Il y a eu une éclaircie dans le mauvais temps qui, depuis tant de jours, règne à Bourbonne. J'en ai profité pour reprendre mes promenades. Comme ce pays ressemblerait à notre Haïti en cet été qui couvre la campagne d'abondantes moissons et de fleurs éclatantes, si ce n'étaient ces pluies continuelles. Elles assombrissent les longues journées et les font très mélancoliques. Mais, aussitôt le soleil reparu, tout sèche rapidement. Plus de boue, plus d'humidité. En quelques heures, le sol a durci sous le pas, et c'est alors ravissant de marcher.

Dans la petite ville où j'erre si souvent, et où les moindres ruelles me sont familières, certains quartiers me rappellent tout à fait le Bel-Air et le Morne-à-Tuf de Port-au-Prince. C'est aussi fruste, aussi simple, c'est surtout aussi négligé, aussi sale. Cela ne me repousse pas. Au contraire, cela me fait plaisir. Et je reviens revoir souvent ces lieux aux maisons passées au lait de chaux, avec leurs fenêtres et portes étroites, et où le fumier, dans lequel les poules gloussent, s'élève en piles fortement odorantes — tandis que non loin des cochons barbotent dans des mares de boue roussâtre au bord desquelles des oies contemplent...

Souvent, au dernier étage des maisons, on voit accrochés sur le mur extérieur des petits vases en terre cuite dont l'usage intrigue. A quoi peuvent servir ces espèces de demi-cruches renversées ? J'ai questionné. On m'a dit que c'était à l'intention des moineaux qui viennent y faire leurs nids... Ah ! voilà qui est bien. Se préoccuper des petits oiseaux, leur préparer un gîte, joli sentiment et très délicat. C'est parent, très proche, de l'autre sentiment — de celui qui fait parer d'une fleur, rose ou campanule des champs, tous les plus humbles logis... Mais je me suis mieux informé. La première explication qu'on m'avait donnée était incomplète : on mange les petits moineaux, et les cloches en terre, c'est pour mieux les attraper.

En Italie, on se régale des hirondelles. On assure même que c'est à la consommation qu'on en fait, à chacun de leurs passages, qu'il faut attribuer la diminution, chaque année plus marquée, de leurs apparitions printanières. La poésie des souvenirs, les traditions du passé, le joli mystère de leurs migrations, ne les défendent pas. Les vieilles romances en garderont seules plus tard la mémoire, si cela continue, et ce sera bien dommage.

Chez nous, nous n'avons peut-être pas assez d'oiseaux. Des écrivains, même haïtiens, disent parfois que notre pays est triste, et c'est apparemment à cela, à cette absence d'oiseaux dans nos campagnes et dans nos villes, qu'ils doivent cette sensation d'isolement et de tristesse. Quant à moi, je ne l'ai jamais ressentie. J'ai toujours trouvé la beauté de nos sites incomparable, et toujours vivante, et toujours peuplée, en dépit de leur solitude, de l'infinie jouissance qu'ils me procuraient. Quand la mer blanchit la dentelle de nos côtes au lever du jour, quand le soir emplit de son silence mélodieux la splendeur de nos forêts sous la voûte illuminée du ciel, j'ai toujours admiré sans restriction et n'ai jamais trouvé qu'il manquât quelque chose à la beauté d'Haïti. Aucun sentiment de tristesse ni d'isolement ne m'y domina jamais.

Mais c'est ce sentiment-là que j'éprouve en ce moment, malgré le beau temps revenu, car la fatalité veut que c'est loin d'elle, dans un autre hémisphère, à des distances, hélas ! bien considérables, que j'essaie de retrouver son image affaiblie dans ce que j'ai sous les yeux... Etrange destinée qui me vaut de parler de Nord Alexis à Bourbonne-les-Bains !

F. M.

Juin 1910.

BRIC-A-BRAC

<div align="center">~~~~~~</div>

5 mai 1904.

Je regrette de n'avoir pas eu plus tôt la **pensée**, dès mon retour à Port-au-Prince, de consigner au jour le jour mes notes, impressions, réflexions sur les événements et les faits quotidiens de notre vie publique. J'aurais pu peut-être faire un volume intéressant. Il ne serait pas toujours rigoureusement impartial, j'en conviens. Parfois même il serait quelque peu inexact, et cela sans qu'il y eût de ma faute, car on peut difficilement vérifier les nouvelles dans nos temps actuels, semés d'espions, et où la moindre démarche porte ombrage. Non seulement cette recherche de la vérité constitue en nos jours un réel danger, mais élle est presque impossible par rapport aux habitudes traditionnelles de cachotterie de nos gouvernants, amis déterminés de l'ombre et des coteries.

N'importe, je commence ces notes dès aujourd'hui. A défaut du livre intéressant que j'aurais pu écrire — eu égard à la période écoulée qui a été grosse d'événements saillants — je promets une narration vraie et sincère. Elle traduira toutes les sensations de mon cerveau, bonnes ou mauvaises. Date par date, elle reflétera fidèlement ce que j'ai senti, ce que j'ai éprouvé. Si jamais on trouve de l'amertume, de la véhémence, de l'injustice même — ce qui est peu probable — dans ce que j'écrirai, on voudra m'en excuser : c'est qu'alors je n'aurai pas su, malgré mes efforts, me garder d'une trop concevable indignation envers notre administration inintelligente, d'autant plus que la situation du pays demande de plus en plus impérieusement à sa tête des hommes capables, habiles et rompus aux affaires...

On raconte cet incident, qui a eu lieu ces jours-ci. Je ne sais, par exemple, s'il est authentique : Le général X... est allé chez le général R...., commandant la place de Port-au-Prince, lui dire que le Président l'avait chargé de lui réclamer sa démission. Le commandant de la place l'envoie immédiatement. Étonnement du Président, qui fait appeler le général R... Celui-ci raconte que c'est le général X..., familier du Palais, qui est venu la lui demander au nom du chef. Il paraît que cela n'était pas vrai et que le Président a donné l'ordre d'arrêter le délinquant, qui a *boisé*... pour quelques jours.

N'est-ce qu'un racontar ?

Il faut l'espérer dans l'intérêt public, car il démontrerait autrement un état dangereux.

On raconte aussi que le sénateur Nemours Auguste a demandé, du consulat où il est, dit-on, au Cap, un passeport pour l'étranger.

Le sénateur Nemours Auguste, pour nous servir de l'expression consacrée, est un homme *on ne peut plus capable* . C'est une des plus belles intelligences du pays. Ses adversaires, un peu envieux peut-être, disent qu'il est dommage qu'il soit par tempérament trop enclin à la critique, par dilettantisme, par pur amour de la critique, sans avoir l'air de songer jusqu'ici à la besogne louable du redressement pratique. Dans un pays où il y à tout à critiquer, cela ne lui fait qu'une situation platonique et pas du tout exemplaire. Car on ne néglige pas de lui rappeler sans cesse que ses vains efforts pour établir un chemin de fer, ou autre chose, dans le Nord, lui ont rapporté pas mal de Consolidés, plus de 100,000 dollars. Il est évident que c'est injuste. Il a fait des efforts ; ils ont été vains, il est vrai. Le pays lui en a été reconnaissant dans une belle mesure. Mais combien n'ont jamais fait aucune espèce d'efforts, plutôt n'ont fait que le mal, que le pire mal, et ont encaissé 100 et 100,000 dollars !

Il ne faut pas oublier non plus que le sénateur a été un des partisans de la candidature parangon du général Nord à la présidence. Or, cela procure grand plaisir à tout le monde de vous voir fessé par vos propres amis.

Je viens de lire (numéro d'hier 4 mai) dans *Le Pacificateur*, journal semi-officiel :

« Nous attendons avec impatience le jour où le ministre des finances, qui a tant jonglé avec la fortune publique, en favorisant ses parents et ses amis, sera forcé de dire aux représentants de la nation avec quelle désinvolture il a géré les intérêts de leurs mandants et quel abus révoltant il a fait de la confiance du général Nord...

« Un ami nous disait hier : « Le ministre des « finances fait mal quand il ne fait rien. Il fait « plus mal quand il fait quelque chose ; de grâce,

« ne lui demandons plus rien et souhaitons pour
« notre plus grand bien qu'il ne prenne plus l'ini-
« tiative de quoi que ce soit. »

Je croyais M. Cajuste Bijou un grand ministre
pour tous les imprimeurs et harangueurs de
ce temps-ci. Pour sauver le pays — c'est
l'expression prodiguée à l'occasion de ce vote
— il avait su se faire donner par nos Chambres
patriotes une émission de plus de 10 millions de
gourdes. Comment penser qu'il cesserait un jour
d'être un grand ministre celui qui avait su dépenser, de février à avril, $ 3,300,000, plus la
totalité, durant ces mois, des recettes de l'importation, plus les 180,000 dollars provenant des
0.13, surplus affecté comme complément à 'a
Dette intérieure ! En bonne équité, je m'écrie à
mon intention propre : *Errare humanum est !* car
j'ai erré lourdement. Et, à l'intention de M. Cajuste Bijou, je soupire : *Sic transit gloria mundi !*

Mais il reste au ministre ses Chambres fidèles.
Par un vote patriotique, à moins que ce soit par
un suprême coup de pied, elles le dédommage-
ront des attaques de ces ennemis *de l'ordre
public* qui, en l'occurrence et pour cesser de le
considérer comme un Colbert — ô familière com-

paraison ! — doivent avoir des motifs *d'ordre privé...*

L'excellente mesure du ministre des finances prescrivant le versement du quart des droits à l'importation en monnaie divisionnaire a produit immédiatement ses résultats : la monnaie divisionnaire fait 40 à 50 0/0 de prime contre papier.

Hier, notre cuisinière est revenue du marché avec les deux gourdes habituelles. La veille, elle avait eu de la monnaie en perdant seulement 0.15 par gourde. Aujourd'hui, comme on lui a demandé 40 0/0, elle n'a pas osé. Elle est remontée à Turgeau sans faire sa provision : ni viande, ni bananes, ni pois, ni riz. Il faut acheter cela au détail dans les boutiques d'alentour. C'est très cher. Et il faut quand même trouver de la monnaie, à n'importe le taux.

Le pain devient aussi bien petit. Celui de 10 centimes est une misérable flûte. Et toujours cette maudite question de monnaie pour les achats ! Ah ! pourquoi notre ministre a-t-il pris cette mesure de décréter le quart des droits en petite monnaie ? Il n'avait qu'à suivre le conseil de ses amis du *Pacificateur :* ne rien faire, rester tran-

quille, ne pas bouger... Mais il voulait notre bonheur quand même, l'excellent homme !

———

7 *mai.*

Dans le *Moment*, il est dit dans l'article de fond
que les Chambres doivent mettre les ministres en
accusation. Si le mot est gros, il n'a pas l'air de
préoccuper extraordinairement le cabinet. Celui-
ci est placide et serein, selon sa coutume. Depuis
le temps où chaque matin on prédit sa chute,
bien des mois se sont écoulés. Et il dure et il
durera. La plus simple réflexion fait voir qu'il
doit en être ainsi. C'est le cabinet de la situation.

Un brave citoyen — de l'espèce qui ne perd
jamais courage : on en rencontre encore quelques
spécimens dans le pays — épanchait aujourd'hui
sa plainte dans mon sein :

« C'est dommage, car il serait facile avec le
général Nord, qui, affirment ses amis, aime la
gloire et est désireux de laisser un nom après lui,
de tenter quelque chose de sérieux, de vraiment
national ! On avait en main un merveilleux atout,
une plate-forme populaire, à juste titre : l'affaire
des Consolidés. Tout paraît cependant devenir

chaque jour plus difficile, malgré les 10 millions votés. N'est-ce pas, en dépit des intentions propres, personnelles, qu'on prête au Président, par la faute de la plus mauvaise, de la plus détestable administration qu'on puisse rêver ?

« On nous parle sans cesse des partis en armes, campés à Kingston. C'est une vraie hypnose. Pour les réduire à l'impuissance, il faudrait cependant faire de la bonne administration, de la bonne finance. Sans doute, il faut être prêt à toute éventualité, prêt à parer vigoureusement aux entreprises contre la paix publique. Mais ceci n'est que l'accessoire : pour annuler efficacement les partis — qui, du reste, par leur diversité même, portent en eux leur propre microbe — il faut savoir gouverner. Franchement, il manque quelque chose à la machine : le moteur, sans doute.

« Quel dommage pour nous ! Et quel triste, quel sombre avenir, malgré les sacrifices imposés à la fortune publique, tout cela nous présage !

« On dit le Président âgé de quatre-vingt-quatre à quatre-vingt-cinq ans au moins. Ce n'est pas chose vulgaire qu'un chef d'Etat qui arrive au pouvoir à l'âge où depuis longtemps les hommes sont endormis dans la paix du tombeau. J'ai causé avec lui deux fois longuement, dans des circonstances particulières. Sa lucidité est nette. C'est presque un phénomène, quand on songe qu'il n'a eu qu'une éducation toute militaire, que sa clarté de raisonnement jusqu'à cette heure. Il s'écoute un peu trop parler peut-être et le grand mal surtout est qu'on le fait trop souvent changer d'avis. Néanmoins, s'il avait de bons conseillers, il eût aisément conquis l'admiration générale, car dans notre triste situation, après tous nos déboires, la moindre parcelle de réel mérite suffirait à sacrer grand homme un passable chef d'État. Il eût peut-être sauvé le pays, tout au moins il l'eût retardé dans la ruine où il semble s'acheminer à pas de géant.

« Le général Nord eût assuré ainsi à son nom une gloire durable, d'un métal supérieur à celle que la basse courtisanerie de son entourage lui élève ridiculement chaque jour. Et nous eussions pu envisager l'avenir avec un calme relatif, ayant du temps pour lutter encore, chercher, trouver, qui sait, le chemin du salut. Au lieu de ce consolant espoir, combien sombre est notre lendemain en face de nos prétendants officiels, de ceux qui nous guettent dans l'ombre, tout prêts à s'entre-déchirer sur l'oreiller de nos cadavres !

« Il y a assurément un mauvais génie qui préside à nos destinées. Il fait manquer à nos hommes politiques les plus belles occasions, car c'en était une véritablement extraordinaire que cette affaire des faux Consolidés de la Banque... »

J'ai écouté. Je n'ai rien répliqué. A quoi bon ? Tout cela était vrai. Mais, comme le disait plus haut l'ami : « Le moteur manque. »

———

Le *Moment* écrit ceci dans son numéro du 6 mai, à propos des faux titres Consolidés : « Il ne faut pas que demain, l'ironie à la lèvre, les ennemis de ce gouvernement puissent dire : « Mais « c'était bien la peine de soulever tant de scan- « dales et de mettre sous les verrous d'anciens « grands fonctionnaires (et le directeur de la « Banque et le sous-directeur de la Banque !) « pour des crimes qu'on a réédités sous le même « gouvernement qui livrait à la justice ses pré- « décesseurs ! »

Très juste cette réflexion.

———

7 *mai.*

J'ai vu en ville, et distribuant très courtoisement des saluts à tout le monde, à droite et à gauche, le général qui avait été demander, de la part du Président, sa démission au commandant de la place : c'était donc une blague qu'il avait boisé. En tout cas, sa *boise* n'a guère duré. On n'entend que cela, les faux bruits...

Le change a subitement monté aujourd'hui à 400 et 410 0/0. Où allons-nous, monsieur Bijou ? Et oubliez-vous que le ministère avait promis aux mandataires du peuple que le change ne monterait pas ? Mais vous n'aviez en vue que le vote et puis vous disiez que la hausse est le fait des consolidards...

———

L'Echo de la République affirme que ce sont les ennemis de l'Etat, les ennemis de l'ordre qui prétendent que les mesures financières du ministre sont intempestives. Le journal assure que tous ces gens-là conspirent contre le gouvernement, et à preuve il dit : « Il y a quelques jours, sur le simple bruit que le ministre était démissionnaire, le change a baissé de 50 points. Les incrédules persisteront-ils à soutenir qu'il n'y a pas une entente entre les banquiers pour faire partir ce ministre qui les gêne par ses combinaisons ? N'est-ce pas convaincant ? »

Hier, le général Carrié, commandant de l'arrondissement, est parti avec sa volante pour la frontière. Il a fait une partie de la route en chemin de fer. *L'Echo de la République* affirme qu'il y a par là quelques désordres causés par nos turbulents voisins ; le général va les réprimer.

8 *mai.*

C'est aujourd'hui dimanche. C'est calme plat. Je ne sais si le Président parlera à l'audience. Je saurai ce qu'il a dit dans la journée.

Il fait assez lourd, une chaleur oppressante qui gêne la respiration. Le ciel est bleu, immuablement. Le temps se couvre chaque soir, mais il ne pleut pas. D'où cette atmosphère suffocante.

Debout à la barrière, j'ai vu descendre ce matin, vers les six heures, quelques cavaliers et amazones : ils s'en allaient vers Martissant ou vers Carrefour. Moi qui pensais faire de si belles

excursions ici, je n'en ai pas ébauché une seule !
Quelques rares promenades l'après-midi ou 'e
matin, aux environs de la ville, et c'est tout. Suis-
je ankylosé, figé ? C'est plutôt, je crois, cet état
général, cette appréhension d'une situation difficile aujourd'hui, insoutenable demain, faite de
loyers ou de salaires qu'on vous paie en gourdes
quand tout est hors de prix, que vos revenus, que
vos gains baissent, se fondent dans vos doigts,
qu'il faut manger pourtant, que tout le monde
se plaint, que tout le monde mendie, c'est cet
ensemble qui agit sur le système, sur la volonté
pour l'anéantir... Heureux les *consolidés*, car ils
ont de belles mensualités en or américain ! Ils se
soucient peu de la baisse du papier, de son avilissement et de la cherté de la vie. Au contraire,
ils y gagnent... Maudit soit le meurtrier qui, en
transformant notre Dette intérieure en or, tout
en conservant le papier-monnaie (que les merca-
dets de notre finance n'ont plus ainsi intérêt à
défendre) avilit la propriété immobilière, réduisit
à zéro le salaire de l'ouvrier et de l'employé, à
zéro les appointements du fonctionnaire, décrétant de ce fait la mort de tout un peuple au profit
d'une petite fraction de privilégiés !

Le Président, il paraît, a fait quelques reproches amicaux aux sénateurs et députés présents à son audience : « Vous tardez trop, messieurs, à vous réunir. Le pays attend avec impatience l'ouverture de vos travaux. Il a besoin d'une administration meilleure afin d'améliorer sa situation... »

L'auditoire a compris, semble-t-il, que le Président comptait sur le Corps législatif pour le débarrasser de son ministère. Je crois qu'on se trompe. Si la phrase a été dite, ce n'est pas dans ce sens qu'il faut la comprendre. Il faut la prendre plutôt, je crois, dans une signification générale et qui n'a aucun rapport avec la chute du cabinet. C'est, au demeurant, la banalité d'usage à un chef d'État qui voit des députés, des sénateurs et qui veut leur persuader que, si tout va mal, c'est de leur faute.

———————

9 mai.

Le général Carrié est rentré à Port-au-Prince. Il paraît qu'il n'y avait rien sur les frontières. Qui donc avait si mal renseigné le gouvernement et obligé à une expédition qui a si inutilement alarmé le public ?

On dit qu'il n'y avait, au fond, qu'une petite

opération financière, la vente à l'Etat d'une chaloupe à vapeur pour la police de l'étang. Par extraordinaire, l'opération a raté, le général ayant refusé son appui à la chaloupe.

Le numéro du *Nouvelliste* de ce jour a paru sans les cours du change. On dit que le directeur de cette feuille a été appelé au Palais et invité désormais à ne plus les donner, car cela contribue, lui a-t-on déclaré, à faire hausser la prime sur le papier-monnaie. On ne saura plus, dès ce jour, le taux quotidien de l'or ou de la traite dans le commerce. On verra bien si la baisse arrive grâce à cette mesure radicale et ridicule.

---

10 mai.

La Chambre des députés s'est enfin constituée. Elle a nommé son président. Il paraît qu'il y avait quelques velléités de résistance, quelques sympathies qui voulaient se porter ailleurs. Les intéressés ont fait intervenir le général Nord : au nom des grands services que le candidat a rendus, il a été élu.

Le gouvernement a, plus que jamais, sa fidèle majorité au Corps législatif.

Les nouvelles politiques sont rares. Le Sénat ne s'est pas encore constitué : il lui manque un membre pour avoir son quorum. On prête pas mal de projets à l'exécutif : augmentation des droits à l'importation de 50 0/0 ; augmentation des droits sur les cafés, de 3 à 4 dollars. Que sais-je encore ?

Beaucoup de personnes s'occupent activement aussi à fabriquer des plans financiers qu'on soumet au conseil des ministres et pour la cession desquels elles demandent de l'argent. Après le plan de M. R... (monopole du café), il y a eu le plan d'un Syrien qui parle d'un tas de choses. Il réclame, dit-on, 40,000 dollars pour le céder au gouvernement. Notre pauvre pays est décidément bien bas : nous en sommes à l'enchère des moyens de sauvetage, ou plutôt de définitive noyade. Et notre ministre des finances, demanderez-vous peut-être, que fait-il dans tout cela ? Il affirme que tout va bien et que ceux qui pensent le contraire sont les ennemis publics. Ça lui en fait un nombre respectable, car c'est à peu près tout le monde.

13 *mai.*

Je suis descendu en ville ce matin. On m'a affirmé que le change était à 425. Le steamer de New-York est arrivé avec 400,000 gourdes de papier-monnaie pour le gouvernement : ce que l'*Echo de la République* a annoncé sous la rubrique : « *Bonne nouvelle : le gouvernement a reçu de l'argent !* »

D'un autre côté, les courtiers fiévreux recherchent avec avidité les feuilles arriérées, les feuilles de 1903. Elles sont montées instantanément à 40 et 45 0/0. Avant cette émission, elles faisaient 15 0/0. On en a payé beaucoup aux amis. C'est ce qui explique leur hausse et aussi la fonte si prompte de la première émission de 3,300,000 gourdes. Le reste ira de même très vite. Cependant, il est peu probable que le Corps législatif, malgré sa passivité, ait voté 10,000,000 pour permettre de payer aux favoris des feuilles achetées à 90 0/0 et 85 0/0 d'escompte. Ce commerce agréable s'était arrêté avec l'épuisement des millions de la substitution. Il reprend ce matin dès l'arrivée du premier envoi sur les 6,600,000 gourdes. Voilà les courtiers innombrables tout en branle... Des feuilles, des feuilles ! Qui a des feuilles ? Hélas ! c'est à quoi sert notre sang, le sang suprême qu'on nous a tiré !

Il y a aussi, dans le port, un navire de guerre allemand qui vient d'arriver. On dit que c'est le ministre d'Allemagne qui l'a demandé, parce qu'on aurait affiché à Jacmel, et même ici, dit-on, des placards portant : *Mort aux blancs !* Je crois que c'est une propagande, car aucune légation ne peut demander un navire pour ce motif-là, qui me semble futile et peu sérieux. Les placards ont été véritablement apposés, il paraît; mais personne ne peut soutenir que cela ait la moindre importance. Il n'y a aucun danger de ce côté. Et j'inclinerais même à soutenir que ce sont les ennemis du gouvernement qui les font apposer, si je ne savais, hélas ! que la propre bêtise de quelques-uns de ses amis est bien capable de ce bel exploit. Toutefois, il faut avouer qu'il y a un émoi, feint ou réel, dans le monde des étrangers qui habitent notre pays.

Cet émoi s'explique par la maladresse des journaux gouvernementaux, par les propos sans cesse renouvelés que ce sont les étrangers, les banquiers, qui font la hausse, qui raréfient la petite monnaie. Il est clair que l'on veut donner le change au peuple, dériver sa colère, ses rancunes, exploiter son ignorance qui ne peut approfondir les causes réelles de cet état de choses.

L'*Echo de la République* écrit ceci à la date du 13 mai : « Le change continue à monter, et les proportions effrayantes de cette hausse, que rien ne justifie, sont un sujet d'alarmes pour le public. Il semble que ces banquiers, qui s'amusent ainsi à jongler avec la fortune publique, ne s'embarrassent plus d'aucun scrupule... Ils cherchent à affamer le peuple... sans craindre les conséquences de leurs machiavéliques combinaisons... Ils veulent provoquer une insurrection, etc.... »

Mon vieil ami — le brave citoyen dont il a été question plus haut — à cette vitupération de l'*Echo de la République*, ajoute :

« On pourrait répondre, si on répondait à la mauvaise foi et à la stupidité combinées : « Tout
« cela n'est pas vrai. Vous n'aviez qu'à prendre
« vos précautions et tout cela ne serait pas arrivé
« dans les conditions insupportables où l'on se
« trouve actuellement. Vous ne pouviez pas
« espérer qu'en jetant tant de papier-monnaie
« dans le pays, sans prévoyance aucune, et folle-
« ment, et criminellement, sans justification
« d'aucun travail, d'aucun service fait, le change

« ne serait pas monté. Cependant, une extraordi-
« naire récolte de café, la chance que le gouver-
« nement avait eue de prendre la main dans le sac
« la Banque Nationale d'Haïti et ses complices, lui
« donnaient, en dépit de tout, et encore, les meil-
« leurs atouts. Tout s'est volatilisé. Il n'a su tirer
« parti de rien. D'où vient cela ? De votre inca-
« pacité. Que dis-je ? de votre jeu criminel de
« parler d'honnêteté, de vertu, en commettant les
« pires méfaits. Sciemment, vous avez pratiqué le
« désordre administratif le plus scandaleux qu'on
« ait jamais vu en aucun temps. C'est un système
« chez vous. Sans doute, il y a des incorrigibles,
« des intransigeants, des gens qui regrettent le
« bon vieux temps de Sam. Mais vous aviez tout
« ce qu'il fallait pour les mater. Et le peuple, et
« tout le commerce honnête, tous les banquiers
« honnêtes étaient avec vous. Vous ne l'avez pas
« fait et vous n'avez pas voulu le faire. Vous
« n'avez, derrière les autres, crié : Au voleur !
« que pour détourner l'attention et passer votre
« propre butin à votre tour... Pauvre pays !
« Pauvre Président que sans doute vous trompez,
« dont vous n'avez flatté ce qu'il y a de plus
« noble dans un chef, ce que vous affirmez qu'il
« possède : l'instinct de la gloire, que pour

« mieux exploiter son âge, ses faiblesses, ses infir-
« mités morales ! »

J'ai pris part l'autre jour à un grand déjeuner chez Hermance. Il n'y avait là qu'un étranger contre plusieurs Haïtiens, tous citoyens pacifiques, prêts à tout pour consolider la paix, mais très écœurés tous de voir ainsi gaspiller, sans profit pour le pays, la chance si heureuse, si inattendue, si vainement cherchée depuis Salomon, que l'on avait de modifier dans le sens le plus favorable à notre avenir le contrat de la Banque. Nous évitions cependant de causer de ces choses-là devant cet étranger par une sorte de pudeur d'étaler ainsi nos hontes et nos misères. Mais lui exhala la rancune de son âme :

— Je ne puis pas me plaindre, dit-il, car j'ai plutôt gagné de l'argent avec ce gouvernement. Cependant, j'aurais préféré ne rien faire et voir un état de choses stable, sérieux, qui donnât confiance dans l'avenir. Mais j'ai peur pour votre pays. On a si vite dépensé les premiers millions que l'on en peut déduire que les autres fondront de même. Au lieu de les dépenser pour l'utilité publique, on les a gaspillés, on les a jetés en pâture aux insatiables. On ne comprend pas que c'est cette conduite, cette façon de procéder qui fait hausser le change, qui donne ce malaise, cette inquiétude dont nous souffrons tous !

Si on avait considéré le nouveau papier comme une monnaie sérieuse qu'il fallait mériter, qu'il fallait gagner, s'il n'avait servi qu'à acquitter de réels services, en serions-nous là ? Non. On a détruit la confiance, et, malgré les mensonges intéressés, elle ne reviendra pas. Maintenant on veut faire accroire au peuple que c'est nous, banquiers, la cause de tout le mal... Nous connaissons trop la situation actuelle du pays, cette masse de candidats présidentiels à l'horizon, pour désirer une révolution. Nous voudrions que le gouvernement plutôt s'améliore, non qu'on le renverse. Nous sommes encore disposés à travailler dans ce but, à aider le gouvernement, le pays où nous gagnons notre vie, où nous faisons fortune. C'est une stupidité de croire que nous sommes avec la Banque. Nous sommes, au fond, plutôt contre elle et nous acclamerions le ministre des finances qui la mettrait au pas. Mais on veut nous confondre quand même avec elle. Est-ce que sérieusement on croit que nous avons intérêt à ce qu'elle vole l'Etat, à ce qu'elle commette tout ce qu'on lui a, à si juste titre, reproché ? Non, nous avons un intérêt tout contraire. Est-ce que, au reste, elle nous a jamais appelés à participer aux opérations frauduleuses qu'elle a faites ? Au contraire, elle a souvent trahi nos intérêts, pour ne pas dire davantage. Ainsi, pourquoi a-t-elle gardé, quand, faute de fonds, l'amortissement des titres ne pouvait se faire, sans nous les distribuer, et pour finalement les remettre à l'Etat, les 0.13 affectés comme complément à la Dette intérieure ? Non, c'est une rivale et une rivale très souvent déloyale. C'est donc une bêtise et une méchanceté de confondre nos intérêts avec les siens. Sans doute, quelques-uns d'entre nous ont des Consolidés frappés d'opposition. Mais même ceux-là ne sont pas des irréductibles. En tout cas, ils ne sont pas *tout le monde des affaires* en Haïti. »

Ainsi parla notre banquier. Je sais bien qu'il y a à prendre et à laisser dans un tel discours. Mais, en thèse générale, je trouve inutile de la part d'un ministre des finances d'ameuter l'opinion — ou ce qu'on appelle ainsi — de soulever les passions populaires contre le capital, surtout quand évidemment nos dirigeants ne sont pas de force. Nous sommes toujours les artisans de nos propres maux en politique. La situation actuelle est notre fait, car on avait en mains tout ce qui était nécessaire pour y porter remède. On n'a pas voulu parce qu'il aurait fallu de l'ordre, de la lumière, de la publicité, de la comptabilité dans nos finances. Et ces choses-là dérangent la pêche en eau trouble.

----

15 mai.

Que de poudre gaspillée, dont le prix serait plus utilement employé, surtout dans notre misère actuelle ! Ce matin à six heures, pendant que je lisais les nouveaux journaux arrivés par le dernier hollandais de New-York, le canon a retenti... C'est le deuxième anniversaire du règne du Président. Mais cela est une fiction, car il n'a été élu que le 22 décembre 1902. Cependant, de par la Constitution, qui fixe la sortie en charge invariablement au 15 mai, on affirme qu'il a, aujourd'hui 15 mai 1904, deux années d'exercice. Alors on tire le canon. Il y aura un *Te Deum* à la cathédrale, le Dieu des armées, et sans doute les autres dieux, répandront leurs bénédictions sur sa personne et sur nous. Ah ! comme on voudrait que cela soit.

vrai ! Comme on voudrait que notre petit pays pût trouver enfin, grâce à l'intelligence et à l'honnêteté énergiquement associées, la paix dont il a tant besoin !... En attendant, hier, le change était à 435-440... Je note le taux, car aucun journal, d'ordre officiel, ne le donne plus.

La vie publique est bien pauvre, bien piètre. Elle n'existe plus à proprement parler ou plutôt elle n'est qu'une singerie, qu'une macaquerie de ce qu'elle devrait être réellement. Voyez nos Chambres. Réfléchissez qu'une circulation de plus de 13,000,000 a été votée sans discussion, sans la plus mince objection, sans le plus petit souci de l'avenir. Cela a passé comme une lettre à la poste. Chacun s'est félicité de cette grande victoire, de ce beau succès financier, comme sans doute aucun siècle n'en vit de semblable... Ah! comme nous sommes bas tombés ! Ce n'est pas du servilisme seulement. Je ne le crois pas. Car il était de l'intérêt vital du gouvernement aussi qu'on montrât les dangers de l'opération, et que, dans l'impossibilité même de l'empêcher, on l'entourât du moins de certaines garanties de contrôle, d'examen qui

en atténueraient le péril, ne permettraient l'infil-
tration du poison que goutte à goutte. On ne l'a
pas fait. Et on ne l'a pas fait parce que chacun
voulait sa part du gâteau. Le désordre, l'absence
de contrôle, la carte blanche enfin étaient prémé-
dités, arrêtés. Cela ressort amplement du texte si
futile, si enfantin, si cynique de la loi. Non, ce
n'est pas du servilisme seulement qu'il y a là-
dedans. Ce n'est pas seulement l'entente criminelle, l'association sciemment délibérée. C'est surtout — oui, c'est cela — l'insouciance du désespoir.

17 *mai.*

La liste des candidats au Sénat a paru dans le
Moniteur de samedi dernier. Il y a quinze sénateurs à nommer. Il y aura donc, comme toujours,
beaucoup d'appelés et peu d'élus. Cependant, chacun s'évertue par ses visites, par ses courbettes,
par sa bonne conduite enfin à mériter la recommandation de l'Exécutif, qui est, plus que jamais,
le certificat indispensable d'élection.

Les députés, cette année, plus que jamais
aussi, assiègent les ministères et le Palais de la

présidence. Ils tâchent de se faire valoir, d'être bien notés, car c'est la dernière année du mandat. S'ils n'arrivent pas à obtenir la note : *Satisfait*, unique objet de leurs vœux, ils sont sûrs de leur affaire : le suffrage universel les rejettera au 10 janvier prochain. Aussi leur attitude humble, soumise, inquiète, dit chaque jour, chaque heure au pouvoir : « — Vous n'avez rien oublié ? Vous êtes certain que vous n'avez rien de plus à nous demander ? Cherchez bien, car nous sommes prêts à vous donner toujours, encore, sans cesse, tout ce que vous voudrez, tout ce que vous pourrez désirer, tout ce que nous devinerons que vous pourrez désirer. »

———

19 *mai.*

Aujourd'hui, c'est l'ouverture du corps législatif. Grand tralala. S. Exc. le Président de la République ira en personne présider la cérémonie. Les discours officiels d'usage seront échangés. Puis on montera à l'étage supérieur, où siège le Sénat, pour vider une coupe de champagne, sans doute de celui qu'on m'a fait boire une fois au Palais et qui est étiqueté : *Champagne du Cen-*

tenaire. Il est abominablement mauvais. Les tambours battront extraordinairement aux champs. Le canon tonnera. J'entendrai tout cela d'ici, à Turgeau.

A quoi bon bouger, quand on n'est ni Président d'Haïti, ni sénateur, ni député, ni fonctionnaire public, quand enfin on n'est qu'un simple citoyen ?

En vérité, ces choses-là ne regardent pas les simples citoyens.

En passant il y a deux jours devant le Palais du Corps Législatif, j'ai remarqué, par parenthèse, qu'il est fort mal tenu. Sur les ailes, les clôtures sont délabrées et tombent en ruines. Dans la loge du concierge (car je suppose que c'est bien la loge du concierge, ce pavillon détaché près du trottoir), deux ou trois planches pourries bâillant fort laidement. L'herbe croît dans les cours. Deux chevaux, un âne, trois moutons, une vache attachée à un pieu, y broutent paisiblement sans se soucier le moins du monde des assauts d'éloquence qui travaillent *en dedans* nos modernes tribuns, car ils ne parlent guère. Il me semble que, si j'étais député ou sénateur, je n'hésiterais pas, des éclats de mon verbe, à troubler la quiétude de ces innocents quadrupèdes et à interpeller, dût la prison punir ma témérité, sur cette vétusté, cet abandon du Palais législatif. Ne pouvait-on, des millions votés récemment, distraire quelques gourdes pour remplacer ces planches pourries, parquer ailleurs cet auditoire d'âne, de cheval, de mouton et de vache ? Cependant, c'est peut-être un symbole. En ce cas, il est parlant. Il dit mieux que les plus longues pages la décrépitude du parlementarisme haïtien, où les bêtes seules fréquentent. Encore, c'est le gazon qui les y attache.

20 mai.

Plus que jamais, il est question d'un changement de cabinet. Cependant, on en a parlé si souvent que, cette fois, ce sera encore comme depuis six mois : beaucoup de bruit pour rien. Toutefois, on affirme que le coup viendra des Chambres. Ce seront elles qui, saisissant la pioche parlementaire, démoliront la baraque. C'est bien de l'honneur qu'on leur fait, car elles ne peuvent obéir qu'à un mot d'ordre. Encore faut-il qu'on le leur donne nettement, sans ambages, impérativement, afin que, sûres de ne pas déplaire, elles puissent foncer sur l'ennemi, courir sus au brigand, hier encore l'idole... Mais qui, même pour cette besogne, parlera nettement, sans ambages ? Les élus du suffrage universel hésiteront, craindront le piège, auront peur de se tromper. Réfléchissez donc qu'interpeller un cabinet, même sous l'injonction de l'Autorité supérieure, c'est presque de la sédition. Nos Chambres ne sont pas habituées à de semblables gestes. Elles seront rétives de prime abord. Pour les décider, il faudra une persuasion incessante, de la violence presque de la part des entremetteurs officiels.

Au surplus, quel bien pourra-t-il en résulter pour le pays ? Qui présidera au choix des ministres de demain ? Appréhendons qu'ils ne soient que trop semblables à leurs prédécesseurs, à moins qu'ils ne soient pires, ce qui est bien possible.

Le commode cliché que le cabinet actuel a inventé pour se cramponner au pouvoir et pour continuer ses méfaits est celui-ci : il a commencé le procès des *consolidards*, il doit l'achever. Il est à craindre, ajoutent ces mystificateurs, que de nouveaux ministres ne viennent entraver leur œuvre.

Ce raisonnement, grossièrement intéressé, fait rire, car, par leur lenteur, leur ignorance des formes judiciaires, les complicités secrètes ou avouées qu'on prête à quelques personnages de leur entourage, ils sont en train, au contraire, de compromettre ce procès, qui, bien mené, pourrait être le signal de notre régénération morale. Il serait sûrement celui de notre régénération financière si des hommes dévoués, intelligents, des hommes de cœur, jaloux de ne pas passer pour des imbéciles, se trouvaient en face de la Banque, ayant la compétence nécessaire pour régler ces questions dans l'intérêt du pays. Mais personne dans ce gouvernement-ci n'a cure de ces choses, n'a cure de l'avenir. Les plus avisés ne voient que le procès criminel, la condamnation des coupables. Là s'arrête leur courte vue. Ils ne songent pas au levier qu'ils ont entre les mains, et dont ils sont incapables de se servir pour le bien-être général.

Actuellement, nos hommes d'Etat sont doublés, triplés ou quadruplés. Cela leur est indispensable, car ils n'ont pas la capacité de rien concevoir, de rien entreprendre par eux-mêmes. Le ministre des finances reçoit des plans de tous les côtés, espérant qu'un beau jour il lui en viendra un plus merveilleux encore que son émission de 10 millions, laquelle, en somme, n'est qu'une petite source qui sera vite tarie. Et ce qu'il faudrait indubitablement à la situation, vous le savez bien, c'est un gros robinet de fontaine, coulant avec l'impression qu'elle ne s'arrêtera jamais. Le ministre de la justice se fait adjoindre à son tour des conseillers pour mener le procès des *consolidards*, et celui des relations extérieures mélancoliquement fait insérer dans les feuilles publiques que les ministres et diplomates étrangers, accrédités près du Président, passant par-dessus sa tête, se font présenter au Palais par des tiers sans qualité, ce qui est mal. Bric-à-brac que tout cela et que tout ce monde.

21 mai.

Des personnes, revenues hier vers les dix heures et demie du soir de la répétition générale d'une représentation qui sera donnée demain dimanche chez les sœurs de la Madeleine, disent qu'il y a eu une grande agitation militaire en ville. Tous les postes avaient été renforcés. La circulation a été très difficile. Les *qui vive !* les *halte-là !* les *au poste !* les arrêtaient à chaque pas.

Il paraît que deux explosions — on dit deux

bombes — sont parties, l'une de la place du Panthéon, l'autre du Champ-de-Mars. Attribuer à des conspirateurs ces explosions paraît un peu risqué. Ne serait-ce pas plutôt le fait de gens à l'entour du pouvoir même ? Ils veulent sans doute consolider leur situation, montrer qu'ils sont plus que jamais indispensables au maintien de la paix publique. Ils trouvent, en un mot, que l'agitation est pour eux le plus doux et le plus profitable des négoces. Car, quand nous autres, pauvres bourgeois, soupirons après le calme, il ne rêvent, eux, que bouleversements, qu'arrestations, et tout le reste. Ce sont, en fait, des commerçants qui souhaitent ardemment une bonne récolte, des affaires lucratives. Mais ils ne tiennent pas des articles banaux : ils ont à vendre de l'arbitraire, du despotisme, de la fainéantise, de la bêtise, de l'ignorance en veux-tu en voilà à leurs concitoyens.

Quand la saison bat son plein, nous sommes obligés, dans un casernement extraordinaire — dont les trois quarts n'existent naturellement que sur le papier — à des dépenses qui, libellées sous la rubrique légendaire : *Sécurité publique !* sont indiscutables et sacro-saintes. Leurs denrées meurtrières sont alors payées au poids de l'or.

Moins que jamais il est permis de discuter. Tout contrôle est supprimé. Le droit d'exprimer sa pensée, de penser, est totalement aboli, si, bien entendu, il était toléré auparavant. L'autorité militaire seule tient le haut du pavé. La loi martiale est sa boussole. Gare à l'imprudent qui oserait, ou qu'on soupçonnerait, être en dehors de l'alignement ! Au nom de la Patrie, au nom de l'autonomie nationale, chère, on le sait, à ceux à qui rien n'est cher, au nom des héros de 1804, texte familier, on l'envoie vite dans un monde meilleur. Tous les crimes sont possibles. Et on ne connaîtra jamais de quoi est capable un politicien sans cœur, sans scrupule, ignorant et vicieux, pour garder un pouvoir ou une influence dont il est l'opprobre et la dérision...

23 mai.

Je suis descendu cet après-midi en ville et on m'a appris qu'on avait fusillé ce matin un homme parce qu'on avait trouvé chez lui un fusil et une boîte de cartouches. C'est toujours la crainte des conspirations qui pousse ainsi aux mesures extrê-

mes. En principe, les gouvernements n'ont pas
tort de se tenir sur leurs gardes. Mais ils ren-
draient vaines les tentatives de désordre s'ils se
conduisaient intelligemment et légalement. Dia-
ble ! il paraît qu'on prend rudement goût aux
exécutions sommaires... Qui est-ce donc qui
donne de semblables conseils à un gouvernement
dont le chef, vieillard de quatre-vingt-sept ans,
pourrait si aisément se faire chérir et respecter
par sa modération et par sa fermeté ?

———

L'affaire des *faux Consolidés* est devenue une
réponse commode, péremptoire à la moindre
velléité, à la plus légère tentative de redressement
dans les affaires publiques, même au plus petit
renseignement financier qu'on voudrait obtenir
pour le bien de tous... On vous répond en roulant
de gros yeux : « Vous êtes un consolidard ! » —
Hélas ! celui qui vous parle ainsi l'est assurément,
et il n'y a pas à se tromper, car il pratique effron-
tément le désordre, le gaspillage, le trafic des
feuilles, des ordonnances. Il a mis l'État à l'encan
et entend continuer. Cependant, pour masquer
son trafic, il faut qu'il donne le change, qu'il

terrorise. Il crie : Consolidard ! Et il vous ferme généralement la bouche. L'Histoire enseigne que c'est de cette façon que les vicieux ont toujours procédé. Vieille tactique et malheureusement toujours moderne.

25 mai.

Dans cette stagnation de la pensée, ce marasme intellectuel où depuis quelque temps nous sommes plongés, il faut signaler une brochure financière et politique qui vient de paraître sous le titre : *Rapport sur le projet de loi additionnel à la loi du 16 septembre 1870 sur la Chambre des Comptes.*

Ce rapport au Sénat est vraiment une œuvre remarquable. L'auteur en est M. Nemours Auguste. A citer, il faudrait tout citer. Bornons-nous ~~nous~~ seulement aux lignes suivantes, qui tracent un portrait si vrai de notre état social :

« Il suffisait qu'un citoyen décoré du titre de Président d'Haïti dit un mot, que le plus mal qualifié de ses ministres, la plus pâle de ses ombres exprimât un de ses désirs, ou un de ses caprices, pour que le jeu des lois fût arrêté, pour que les intérêts de la nation fussent sacrifiés. On s'inclinait avec respect, comme un champ de cannes flexibles se courbe au premier souffle de la brise !

« Quelle que fût l'incompétence du Président ou de ses ministres, quelle que fût la gravité des intérêts en débat : Budget, crédits extraordinaires ou supplémentaires, emprunts, dette publique à consolider, traités de commerce, on s'inclinait toujours plus bas.

« Ce fut une gloire de voter sans examen, sans études, comme pour mieux affirmer l'omniscience des ministres ou de leur chef, les yeux fermés, comme pour mieux prouver sa soumission. »

Ce beau, ce fier langage, depuis longtemps nous était inconnu. — Par moment, un peu trop poétique. Oh ! ce champ de cannes ! — On se demande, si les collègues du sénateur Nemours Auguste l'ont entendu et compris, ce qu'il doivent en penser. Ce tableau se rapporte au régime précédent, c'est vrai ; mais il est clair que l'auteur ne songe qu'à ce qu'il a sous les yeux et qu'il peint d'après nature. Critiquer le passé est la consolation des âmes honnêtes aux époques d'asservissement. On leur laisse cette fiche assez généralement, car les tyrans pensent rarement que c'est d'eux qu'il s'agit. Quand ils s'en aperçoivent, il est trop tard et le petit grain, qu'on jugeait insignifiant, sans vigueur, a levé. Cependant, cette fois-ci, on affirme que le Pouvoir n'a pas été dupe.

C'est, du reste, notre histoire d'hier, d'aujourd'hui, de demain que nous fait ce rapport d'une facture littéraire très belle, d'une application pratique si difficile. En peut-il être autrement, en ce qui concerne cette application, avec notre conception nationale du gouvernement ? Tout le temps que, des ministres au plus infime employé, tout le monde relèvera militairement du chef de l'Etat, il n'y a rien à espérer. Et s'il y avait cette indépendance des caractères, indispensable à la réforme, cette conception nationale du gouvernement croûlerait sur l'heure... *Vice versa* donc... Cependant, il faut combattre pour le système de contrôle belge préconisé par le sénateur Nemours Auguste. L'homme n'a jamais le droit de désespérer. La lutte pour le bien, même sans espoir, est l'essence de la vie. A exactement parler, il faut qu'il y ait toujours de l'espoir en cette humanité. C'est en cela que nous nous distinguons de la bête et que nous affirmons nos destinées supérieures.

26 mai.

Aujourd'hui c'était, à la cathédrale, le mariage religieux du député Larencul et de Mme veuve Lafleur. On était invité pour sept heures. Le Président de la République était parrain des noces. Le cortège n'est arrivé qu'à neuf heures. Un peu avant, des troupes ont pris position devant et aux côtés de l'église. Puis un bataillon a pénétré à l'intérieur et a fait la haie. Les officiers ont distribué des cartouches à leurs soldats. Une minute après on a battu aux champs, les clairons ont sonné : le landau présidentiel est arrivé avec les mariés, suivi d'un brillant état-major. A côté du cocher, sur le siège, se tenait un homme armé d'une carabine de seize coups.

Le Président, très droit et très ferme, ce matin-là, est entré, donnant le bras à la mariée. C'est étonnant la vigueur et la robustesse de cet homme de quatre-vingt-sept ans passés. Sa grande taille n'est nullement courbée. Elle semble porter légèrement le poids de cet âge de trisaïeul. Ma foi, il ne fait, en ce moment, pas mal du tout, ce vert patriarche, marchant avec dignité à l'autel. Il est très soigné de sa personne. L'habit noir lui va

bien, avec grâce. Il a du maintien, de l'aisance,
du naturel. On est prêt à l'admirer comme un
phénomène, comme une des forces de la nature.
Quel dommage qu'on ne puisse s'attarder à cette
pensée ! Et qu'à l'instant même où elle se forme,
on soit tiraillé en arrière par tant de méchantes
images : l'arbitraire remplaçant partout la loi, la
vie humaine ayant à peine la valeur de celle du
pourceau dans sa fange, la désorganisation administrative érigée en système, ruinant la nation jusqu'à la moëlle...

Il est vrai que de tout temps ça a été la même
chose.

————————

27 mai.

Ce mois de mai s'achève abominablement dans
la pluie et dans la boue. C'est le déluge journalier.
Mais hier, cela a commencé dès deux heures, cela
a duré tout l'après-midi et a persisté durant la
nuit. La température est énervante et lourde. Ce
matin, pas de soleil. Un temps grisâtre, terne,
une nature triste, aux arbres chargés d'eau, et qui
semblent pleurer d'ennui...

On doit continuer aujourd'hui à la Chambre

l'élection des sénateurs. Avant-hier, on en avait nommé quatre et on allait finir avec le cinquième quand un incident est survenu... Un député me le racontait le lendemain en ces termes :

« Nous allions voter quand un personnage autorisé est venu nous dire qu'il y avait un changement, que X... avait été remplacé par Z... sur la petite liste, pas l'officielle, vous savez, mais la vraie, celle du Président. Vous comprenez alors notre perplexité. Nous avons eu peur de faire une erreur, bien que nous sussions tous que la personne qui nous parlait avait toute la confiance du chef. Mais, en politique, il ne faut pas faire de gaffes : ayant tenu de la bouche même du chef les noms de ceux à élire, nous avons pensé qu'il devait personnellement nous avertir, ou tout au moins notre bureau, au cas où il avait décidé un changement. Nous avons donc fait la minorité et la séance a été forcément levée. Bien nous en a valu, car un quart d'heure après nous avons appris qu'il n'y avait pas de changement, que c'était bien X... qui devait être sénateur. L'individu avait voulu simplement nous en imposer et faire passer un ami. Heureusement que nous sommes *ficelles*, qu'on ne nous prend pas ainsi. Mais si nous n'étions pas des hommes sérieux, dévoués

au pays, voyez un peu ce qui serait arrivé. Nous
aurions trahi le mandat auquel nous avons juré
d'être fidèles : celui de marcher toujours d'accord
avec l'Exécutif ! »

———

31 mai.

Les élections sénatoriales ont pris fin hier à la
Chambre. Le matin, le Président avait fait venir
au Palais les députés et leur avait tenu ce discours :

« Messieurs, il paraît que vendredi vous avez
failli réélire M. Nemours Auguste au Sénat. Si
vous persistez aujourd'hui dans cette idée, eh
bien ! il se produira ceci : le député X... montera
à la tribune et lira une pièce où il établira que le
candidat a fait tort à la République de plus de
80,000 dollars de Consolidés. Je vous préviens
donc, puisque vous voulez marcher d'accord
avec mon gouvernement, qu'il ne faut pas nommer M. Nemours Auguste sénateur de la République.

Les députés, voulant marcher d'accord avec le
gouvernement, n'ont pas nommé M. Nemours

Auguste. Il est vrai que le rapport de la commission d'enquête parle assez longuement de cette affaire de Consolidés. Cependant, il n'est question dans ledit rapport que de l'intérêt qui, au lieu d'être à 6 0/0, a été porté illégalement à 12 0/0 sur la totalité de la créance. Mais le véritable motif, à ce qu'affirment les gens qui se disent bien informés, de l'intervention présidentielle, est que le candidat, à tort ou à raison, ne passe pas pour être un ami, c'est-à-dire un complaisant. En tout cas, c'est un grand critiqueur. Nous autres, pauvres gens sans malice, nous constatons une fois encore combien la politique haïtienne est bizarre, car Jules Auguste, le frère du sénateur disgracié, est mort les armes à la main pour la cause du général Nord...

Un député, à qui je faisais honte de la conduite de la Chambre obéissant servilement à un ordre brutal, m'a répondu :

— Il a été imprudent. Il a effrayé le Pouvoir avec son histoire du contrôle de la Chambre des comptes. On ne parle pas ainsi quand on postule une charge. Après l'élection, j'aurais compris cela. Son rapport l'a tué.

Je lui demandai :

— Ne pensez-vous pas qu'il le fasse vivre plutôt ?

———

1er *juin, soir.*

Le singulier gouvernement que le nôtre ! Et j'entends par *gouvernement* toute la machine, c'est-à-dire les ministres, les Chambres, etc., bien que, selon la Constitution, les Chambres ne soient pas le gouvernement. Mais cela fait un tout réellement homogène dans sa bizarrerie, tellement parfait, dans une conception gouvernementale si curieuse, si inepte, qu'il faut confondre tout cela ensemble, dans la même sauce. Il faut lire, pour mieux comprendre cette remarque, le procès-verbal numéro 28 de la commission d' « enquête administrative et de vérification » en date du 20 mai 1904. Il est dans le *Moniteur* du 28 mai et a trait à l'interrogatoire du comptable-payeur au département des finances. M. le comptable est ainsi réprimandé :

« Prenons, par exemple, les dépenses de l'actualité — et Dieu sait comment elles sont embrouillées, si l'on veut bien tenir compte des conditions, à tous les points de vue exceptionnellement irrégulières, où elles se font, etc. Chargé d'exécuter les ordres du titulaire actuel (?) du département des finances, etc. Comment ! est-ce que consciencieusement ces notes éparses, jetées par-ci, par-là, sans ordre ni méthode, surchargées, raturées, ont pour vous quelque valeur administrative juste à un moment où le pays se débat dans une situation financière pleine de périls et d'angoisses, juste à un moment où 'a République traverse une époque mémorable ? »

Et tout le temps c'est ainsi. Il y a plusieurs colonnes d'objurgations de cette force. C'est le ministre sur la sellette dans la personne de son payeur. Or, cette commission administrative et d'enquête relève du ministre. Ce n'est pas à dire qu'elle ne fait pas bien de signaler au public — qui hélas ! ne le sait que trop et depuis longtemps — que la comptabilité est lettre morte au département des finances, qu'elle ne consiste qu'en petits bouts de papier, qu'en notes qu'on peut supprimer en une seconde. On ne saurait jamais trop flétrir ce système, cyniquement brutal, qui consiste à supprimer toute comptabilité afin qu'on ne puisse trouver trace de quoi que ce soit, qu'on erre dans les ténèbres, à l'aveuglette. Mais, tout de même, c'est bizarre cette sortie de la commission accusant ainsi le fonctionnaire de qui elle relève.

Pour faire suite sans doute à cette attaque, la Chambre, après avoir décidé d'interroger le ministre de la justice demain 2 juin sur l'affaire des consolidards, a voté que les comptes généraux et le budget soient exigés du cabinet dans le délai constitutionnel de huit jours.

Que produira tout ceci ? Il est difficile de pronostiquer. Il faut attendre. Ne pas oublier que l'on a affaire à un Grand Corps qui veut marcher d'accord avec le chef de l'Etat, qui n'a, du reste, aucune autorité, ni morale ni effective, et qui n'en est digne d'aucune.

En résumé, cette comptabilité de bouts de papier, de notes éparses dénoncée par la commission administrative, n'est pas le fait de l'incurie, de la négligence ou de l'ignorance. Tout démontre, au contraire, que c'est le fait d'un système. Ainsi de très grosses opérations, les plus grosses que le pays ait jamais subies — émission de 10 millions de gourdes de billets nouveaux, frappe de 1,200,000 gourdes de monnaie divisionnaire, frappe de 100,000 gourdes de nickel, achat de bateaux de guerre, commande de travaux publics pour 2 millions, tant d'autres histoires encore — ont été exécutées, ou sont à exécuter, sans que le pays ait jamais rien su, sans que ni Chambres ni personne ait jamais demandé leur coût, ni même qu'on ait jamais daigné en donner un chiffre quelconque au *Moniteur*. Tout se fait dans l'ombre. Personne n'interroge. Au contraire, tout le monde s'évertue à bien faire remarquer qu'il n'interroge pas. C'est la belle confiance poussée à un degré qu'on n'avait jamais connu, à moins de remonter peut-être — et encore ! — au temps heureux de l'Empire de Soulouque. Le secret confessionnel entre gens de même communion, de même église, quoi !

On raconte que le sénateur Michel Oreste, dans la séance du 31 mai, a dit : « Du moment que des citoyens tels que le sénateur Nemours Auguste étaient systématiquement exclus du Sénat, il n'y avait plus de Sénat. Il ne jugeait donc pas sa présence utile dans l'Assemblée. Il réclamait en conséquence un congé illimité. »

C'est une façon, on le voit, de penser en discordance absolue avec celle du Président de la République demandant aux députés de ne pas réélire ledit sénateur Nemours Auguste.

Mais le sénateur Michel Oreste ne s'est pas arrêté là. Il a été, dit-on, particulièrement acerbe. Il ne s'est pas gêné pour déverser le trop plein de son cœur ulcéré de la bassesse des temps. Il n'avait, du reste, pas pris part à la session extraordinaire. Il s'en était retiré avec éclat lors de la discussion concernant la suppression de l'immunité des sénateurs compromis dans les faux titres.

Je me demanderai sans cesse pourquoi un gouvernement qui avait une si belle plate-forme — celle des consolidards, comme on les appelle — a pensé que la force que cette plate-forme lui donnait — et qui était incommensurable, infinie et comme jamais aucun gouvernement en ce pays n'en a possédé de semblable — a pensé que cette force lui était insuffisante. Pourquoi a-t-il jugé nécessaire de s'adjoindre un tas de mauvais ingrédients dont il n'avait pas à s'embarrasser ? Pourquoi n'a-t-il pu comprendre qu'ils devaient fatalement lui aliéner les hommes intelligents dans le pays tout entier ? Cependant, ces hommes n'auraient pas mieux souhaité que de marcher avec lui, de l'aider dans son œuvre, dans l'intérêt général.

Il fut un temps, fugitif, il est vrai, — mais avec

un peu de savoir-faire ce temps aurait duré — où l'esprit populaire, soupçonneux par nature, dans tout opposant, quel qu'il fût et de prime abord, voyait immédiatement un intéressé. Il répondait : « Un tel est mécontent ? S'il n'a pas de faux titres, un des siens en a ! » Et cela suffisait pour faire suspecter son attitude, détruire l'effet de sa parole, annihiler son autorité morale. Toutes les consciences, tous les élans allaient donc ainsi, aveuglément, au gouvernement pour le soutenir, l'encourager dans son œuvre d'épuration.

Je n'ose affirmer que ce temps-là ne soit irrémissiblement évanoui. On a vu, on voit chaque jour que ce n'était qu'une façade. On a un peu deviné que ce qui se passait derrière la façade n'était pas d'accord avec les principes de la plateforme. Aussi, le Président est-il tout seul aujourd'hui à répéter avec son entourage : « Les mécontents sont des consolidards ! » Le peuple ne le dit plus.

3 *juin*.

Hier, c'était la Fête-Dieu. Je suis allé faire une promenade à Bizoton. C'était navrant de voir l'état de cette belle route. Elle semble abandonnée d'un bout à l'autre. Les fondrières succèdent aux fondrières et aux nappes de boue. Mais pas une boue ordinaire et molle. Celle-ci s'attache vigoureusement aux sabots du cheval, épaisse et lourde. Elle monte jusqu'à mi-jambe, fait à la bête des patins dangereux et glissants. On va ainsi durant quelques kilomètres.

Je me suis arrêté au café « *La Grande Halte !* » J'y ai pris un *rafraîchi*, c'est-à-dire un punch au tafia. Il s'y trouvait un député du peuple qui voulut bien, sous la galerie, me faire l'honneur de me développer quelques-unes de ses vues politiques :

— Nous pouvons hardiment déclarer, me dit-il, à l'instar de cet ancien qui montait au Capitole pour proclamer qu'il avait sauvé la République, nous pouvons déclarer que nous avons sauvé le pays. Aucune législature n'a fait ce que nous avons fait. Et cela avec un ensemble, une harmonie, une solidarité dans l'exécution qu'on n'a jamais trouvés auparavant... Le Trésor public n'avait pas le sou. Nous l'avons rempli par notre majestueuse émission. L'abondance de papier a succédé à la disette de papier. Nous avons porté le champ de la circulation fiduciaire au delà des colonnes d'Hercule. Grandiosement, nous avons épandu sur le pays des millions et des millions. Nous les avions votés, on doit s'en souvenir, sous forme de blanc-seing et sans spécification, ni détermination, simplement pour être employés au *service public*. Notre confiance n'a pas été et ne pouvait être trompée : les millions ont été dépensés pour cet objet, car *service public* comprend tout, répond à tout. C'est une trouvaille, ça. Et nous espérons que nos successeurs, quand ils auront à agir comme nous — car notre patriotique exemple sera la règle désormais — ne se casseront la tête pas plus que nous pour déterminer un emploi minutieux des crédits accordés. Service public, crieront-ils ! Oh ! le mot magique, harmonieux, précieux ! Législateurs, ministres étant d'accord sur sa vertu, qui synthétise le contrôle et le désintéressement sans phrases et sans chiffres, quelle autre formule faut-il à un peuple pour être heureux et fier ? De mauvaises langues, il est vrai, chuchotent — on saura les faire taire !

— que la majeure partie de l'émission sert à payer des feuilles arriérées, achetées pour rien et à liquider au pair des exercices défunts dont tout le monde avait pris le deuil. Et quand cela serait ! L'Etat ne doit-il pas faire honneur à sa signature ? Payer intégralement ses dettes, n'est-ce pas glorieux ? Nous devons l'exemple de la vertu intransigeante. Et on a donné ce blanc-seing au ministre justement pour qu'il pût, de cette façon, relever le crédit public. Que trois ou quatre individus en profitent seuls, cela ne fait rien à l'affaire. C'est le principe qui est tout. Il ne faut, sous aucune raison de sentiment, amoindrir la valeur de cet axiome : que l'Etat doit toujours faire honneur à sa signature. Trop longtemps il a été méconnu, il faut le remettre en honneur. Et périssent nos mesquins scrupules plutôt que cette règle essentielle à la bonne marche des affaires publiques ! Arrière, arrière ceux qui pensent — heureusement pour eux qu'il se contentent de penser sans mot dire — qu'il est criminel de saigner à blanc une nation pour acquitter des feuilles achetées à 85 0/0 de perte ! Ils ne comprendront jamais rien à la grandeur d'un principe... Et puis, en thèse générale, si on doit donner du plomb aux ennemis, on doit donner de l'or aux amis.

A défaut d'or, c'est la moindre des choses, n'est-ce pas ? de leur donner du papier. C'est-à-dire, bien entendu, aux délégués des amis, à ceux qui parlent en leur nom, à nous autres députés, par exemple. Car il ne saurait être question de satisfaire tous les amis. Il faut une sélection. Et il est indispensable, pour que cela marche bien, à la satisfaction générale, que le bonheur de ce petit nombre, dont je suis et ne saurais ne pas en être, suffise à tout le monde. Autrement, ce serait l'anarchie. »

Le député sirota une lampée de *rafraîchi*. Il essuya involontairement ses lèvres sur la manche de sa lévite. Son doigt s'égara dans ses profondeurs nasales. Il parut y creuser un nouveau sillon à sa pensée. Une ombre de tristesse couvrit son étroit front de législateur aux cheveux plantés bas. Sans doute songeait-il aux répartitions injustes, aux parts de lion violant les règles de la proportion exacte, établies par lui, et se demandait-il pourquoi faut-il qu'il y ait en toute chose des degrés ? Encore, s'il faut des degrés, pourquoi n'était-il pas, lui, au tout premier degré ? On a beau s'armer de philosophie, on ne voit jamais sans aigreur les accapareurs. Cette tristesse ne dura guère, son bon sens reprit le

dessus. Il haussa les épaules et murmura :
« Enfin ! » Puis il continua en ces termes :
: — Quelle assemblée a autant fait que la nôtre
pour la grandeur de la patrie ! Stoïquement, nous
avons laissé emprisonner, chasser quelques-uns
de nos membres, sans réclamer pour eux les
formes constitutionnelles, protectrices de leur
liberté. Vous comprenez qu'ayant cette rigueur
pour nous-mêmes, nous ne pouvions que recom-
mander la même attitude aux citoyens. En
général, ils se sont modelés sur nous dans
leurs rapports avec l'Exécutif. Et la République, grâce au patriotisme de ses enfants,
goûte une paix profonde. De grands travaux
publics s'exécutent de toutes parts. Il l'a bien
fallu, car la puissance des exercices périmés
est limitée et ne suffit pas à absorber la totalité
de notre émission. Je ne sais pas, par exemple,
si on retrouvera, après nous, quelques-uns de ces
grands travaux. Deux conditions seraient — notez
bien que je parle d'une façon désintéressée, car
je n'ai pas eu d'entreprise de ce genre — indispensables pour cela : d'abord il faudrait qu'on
les exécutât réellement et ensuite qu'ils pussent
durer quelque temps. Quant à moi, je le voudrais
sincèrement. Qu'il restât seulement un petit pont,

je serais heureux, en passant dessus, demain, de pouvoir m'écrier : « Voilà ce qui reste de l'émission des 10,000,000 de gourdes dont nous avons doté Haïti ! »

Nous avons donc amplement, largement rempli notre mandat. Il nous sera certainement renouvelé au 10 janvier 1905, car nous sommes une partie intégrante du gouvernement. On ne le comprendrait pas sans nous, ni nous sans lui. Durant ces trois nouvelles années, nous achèverons l'œuvre commencée. Nous sauverons définitivement, et pour jamais, le pays. Après nous, il ne restera plus rien ou pas grand'chose. »

Ayant ainsi parlé, le député vida le fond de son verre. Il tâta sa rosette aux couleurs bicolores pour s'assurer sans doute qu'elle tenait bien à sa boutonnière, qu'elle n'était pas tombée dans la boue du chemin. Puis il regarda les gens qui passaient sur la route, empâtés dans la glu tenace. Il regarda Port-au-Prince, étagé sur ses mamelons, au loin toute cette belle terre des aïeux que les fils déchiquetaient, dépeçaient pour quelques mauvais plats de lentilles. Une songerie lui vint encore. Il secoua vivement la tête, alluma une cigarette et dit entre deux bouffées :

— Peuh ! le pays est perdu. Personne ne peut

le tirer de là. Eh bien ! alors ? Vaut mieux que ce soit nous que d'autres.

---

6 juin.

C'est effrayant de vivre ainsi, de végéter dans cet anéantissement de la pensée, de toute pensée. La vie intellectuelle est morte. Il n'y a pas de journaux : on comprend qu'on ne peut donner décemment ce nom à ceux qui existent. Aucune discussion n'est permise sur quoi que ce soit. On ne peut parler *régimentairement* que des consolidards, et pour les huer. C'est fort bien et ils le méritent. Mais, enfin, on aimerait à se sentir libre, à pouvoir s'entretenir de tout autre sujet, et à sa guise. Mais nous sommes pourvus d'un canevas sur lequel l'esprit doit travailler, sans cela toutes sortes de désagréments sont à craindre. Il faut donc se taire. Et c'est douloureux, quand tant de choses importantes réclament notre attention, demanderaient à être élucidées par la discussion. Impossible d'aborder aucune question d'intérêt général, aucun examen du plus petit acte de l'autorité autrement que pour crier :

Bravo ! C'est entre soi, de bouche en bouche, que
les nouvelles circulent, que les bruits se colpor-
tent, que les faits se déforment dans une critique
tronquée, hâtive et parfois injuste. A qui alors la
faute ? A ce système de compression qui pèse,
qui étouffe comme la pierre du tombeau...

Un attaché militaire des Etats-Unis est arrivé
ces jours-ci, accrédité près du gouvernement. Il a
été reçu hier en grande pompe. C'est un noir de
valeur, il paraît. Mais, tout de même, on a été
surpris de cette attention. Un attaché militaire
près de notre armée ! Les commentaires ont marché. Aujourd'hui on dit que le gouvernement
américain offre de rembourser toutes les dettes
de la République pour se substituer, aux mêmes
conditions et garanties, à tous nos créanciers. Les
favoris, les conviés au banquet de l'émission,
tous ceux qui émargent aux travaux publics,
après lesquels on court maintenant comme les
chevaux aux courses, exultent :

« — Voyez, disent-ils, comme le crédit du
gouvernement est bon ! La plus grande puissance
du monde — notre voisine immédiate — offre de
rembourser toutes nos dettes. Nous n'aurons plus
qu'un seul créancier désormais. Et ce sera ce
peuple colossal. Quand nous disions que ce gou-

vernement sauverait ce pays, n'avions-nous pas raison ? Que dites-vous de cela ? Hosannah ! Hosannah ! Nous avons fêté le Centenaire et en voici le couronnement ! »

On parle d'une somme de 50 millions de dollars — c'est un peu beaucoup ! — ainsi généreusement mise à notre disposition. Il n'y a vraiment qu'à regretter que nous ayons été si peu prodigues, car les Etats-Unis auraient pu aller, pendant qu'ils y sont, jusqu'à 100 millions. Les porteurs de titres, bien qu'incrédules, car, disent-ils, ce serait bien beau, ne cachent pas leur joie. Ce qu'ils seraient enchantés de palper les dollars de l'oncle Sam et de nous lâcher de suite ! Mais, pauvre petit peuple haïtien, pauvres petits nègres, naïfs et simples que nous sommes, que deviendrions-nous dans dix ans, dans cinq ans, demain peut-être ? La raison se refuse à croire à la calomnie atroce, invraisemblable qu'on débite. Les gens que nous avons actuellement à notre tête ne sont de taille à mener aucune évolution favorable à notre bonheur. Ils ne peuvent que nous engloutir définitivement. Ils devraient se rendre cette justice. Cependant, il faut trembler, on doit trembler, car ces questions-là peuvent se présenter d'un jour à l'autre, sous telle ou telle forme.

Nos formidables voisins sont en appétit et en bel appétit. Plus ils mangent et mieux ils ont faim. Ils ne prennent guère le temps de digérer. Qui sait s'ils n'ont pas trouvé le moment excellent pour lancer l'épervier ? Des Chambres qui ne parlent pas, qui votent, — *acta non verba* — un gouvernement essentiellement militaire qui n'admet pas la discussion, sont d'excellents atouts. Et puis, ils auraient pour eux toute la masse des créanciers, requins insatiables, jamais repus, qui suivent gloutonnement notre barque démâtée. Combien serait populaire parmi eux une telle aubaine ! Du bel, du bon or sonnant, trébuchant ! Car ils ont sans cesse peur, dans la misère nationale, tantôt d'une réduction de capital, tantôt d'une diminution d'intérêt. Comme ils happeraient le magot ! Après, mon bonhomme, débrouille-toi. Tant pis pour toi, ou plutôt tant mieux, si ton Président, tes ministres, tes Chambres se métamorphosent en vassaux très humbles, juste ce qu'il est nécessaire pour le décor, de l'*hounourable* résident général des Etats-Unis ! Ils ont palpé déjà.

Il est certain, au surplus, que la grande République ne nous prendrait pas 12 0/0 d'intérêt. Elle serait même capable de nous obliger uniquement pour le plaisir. On voit d'ici la tirade du ministre des finances exposant l'affaire, les applaudissements frénétiques des Chambres acclamant le grand homme, le sauveur, le nouveau Faine. Quelle médaille — et de quel calibre, seigneur ! — ne lui décernerait-on pas ! On entrerait musique en tête, verre en main, car il y aurait des *coudiailles* et du tafia à tous les carrefours, dans le troupeau des peuples qui vendirent leur indépendance au profit de quelques-uns. Ce serait le juste prix de notre incurable sottise qui voulut à la direction de notre pays, et jusqu'à la fin, des incapables, des ignorants, des militaires, les pires ! Quant à la postérité, quant aux aïeux morts pour ce que l'on sait, on s'assoierait définitivement dessus en ce jour mémorable. Que l'on ne nous corne plus l'oreille de ces gens-là !... A moins, ce qui serait tout à fait dans notre genre, qu'on ne les invoque de plus belle pour souligner mieux notre indécence.

Heureusement tout cela, je veux dire le prêt de 50 millions, n'est que de la blague...

Les journaux ont relaté que le Président de la République a passé à cheval la parade des trou-

pes dimanche dernier. Il a fait ensuite une tournée en ville, toujours à cheval. Il a été fort
acclamé, car il a jeté tout le long du chemin de
la menue monnaie, des gourdes aux gamins et à
la foule qui lui faisaient cortège. Il agit ainsi à
chacune de ses sorties. Cela propage et chauffe
l'enthousiasme. Le peuple souverain paraît ado-
rer cette façon de démontrer combien on recherche son amitié : Soulouque et Salnave avaient
pour lui les mêmes égards.

Il paraît qu'hier on a formé à la Chambre des
députés la commission qui, sur la demande du
titulaire actuel au département de la justice, doit
statuer sur la mise en accusation du Président
Sam et de ses ministres. A peine les membres de
ladite commission avaient-ils été élus qu'une mis-
sive de l'exécutif est arrivée : le Président de la
Chambre la communiqua immédiatement à l'Assemblée. Il y était dit que, le cabinet en entier du
général Sam étant mis en accusation, il fallait y
comprendre son ancien ministre de l'intérieur.
Ce fonctionnaire qui avait été, selon toute apparence, intentionnellement écarté dans la demande,

y fut réintégré séance tenante et sans barguigner. Et la nouvelle pièce resta, au regard de la Chambre, comme une simple annexe à la demande principale.

Bizarre cette façon de procéder, superlativement bizarre... On voit bien qu'il y a eu du tirage : quelque grosse influence pensait jusqu'au dernier moment pouvoir épargner l'ancien grand fonctionnaire. Et on remarqua plus tard que ce n'était guère possible.

Alors on se hâta, en deux temps et deux mouvements, de l'englober avec les autres. Mais pourquoi n'y avoir pas pensé plus tôt ? Cela aurait été plus sérieux. Il est vrai que cela importe assez peu en ce moment où les notions de toutes choses sont confondues : on va, on revient, on reste en place, on tourne sur soi, à droite, à gauche, cela n'a pas d'importance. L'essentiel est que la fantaisie du jour soit la loi de tous. Cela étant, sans regimbement, il n'y a pas à se préoccuper du reste; de la bagatelle de peser ses actes, de les coordonner selon le bon sens, le jugement. Au surplus, on a vu maintes bizarreries dans le sort fait aux différents consolidards : tel était emprisonné quand tel autre jouissait de sa pleine liberté, celui-ci était forcé de prendre la fuite quand celui-là, pour un cas identique, gardait les bonnes grâces de l'autorité. Qui se chargera de dire le pourquoi de ces inégalités ? Qui sondera les consciences dans cette répartition inéquitable des traitements ?

9 *juin.*

La vie est de plus en plus difficile pour les petits rentiers, pour ceux, par exemple, qui n'ont que le revenu de leurs propriétés pour vivre. Ce sont des plaintes générales dans toutes les familles. On supprime chaque semaine quelque article qu'on achetait encore dans les magasins, car ces emplettes-là, en raison de la cherté occasionnée par la hausse du change, deviennent de jour en jour plus impossibles. Le fer-blanc de mantèque de dix livres se vend sept gourdes, le fer-blanc de beurre de cinq livres huit gourdes, la *touque* de Kérosine de cinq gallons ininflammable neuf gourdes, le sucre est à cinquante centimes la livre. Le fromage, le jambon sont des articles de luxe, des friandises dont il n'y a pas à parler.

Tout le reste est à l'avenant. On est donc forcé de retrancher à chaque achat hebdomadaire quelque objet afin de parvenir à joindre les deux bouts. Il faudrait à peu près — ils sont si petits — deux pains de dix centimes par personne et par repas. Il y a des familles de cinq à six membres qui, pour toute la journée, ne peuvent en acheter que deux à trois. La maîtresse de maison les tronçonne en très petites portions, afin que tout le monde en ait. Cette multiplication ne trompe malheureusement pas l'estomac. Il est heureux qu'on peut se rabattre jusqu'à présent sur les vivres du pays. Bien qu'ils aient augmenté, — car *l'habitant* n'est pas assez naïf, quand la colette, la toile bleue, la nankinette sont à des prix inabordables, de ne pas essayer, à son tour, de renchérir ses produits — les vivres cependant, grâce à une récolte très abondante, n'ont pas suivi la hausse de l'or. On peut encore les acheter. On ne meurt pas littéralement de faim grâce à eux. Et c'est fort heureux pour nous, car on en est quitte, ayant la banane, la patate, le maïs moulu à peu près à notre disposition, à considérer les comestibles étrangers, qu'il faudrait payer au taux du change, comme du superflu. Quant au sucre, on le remplace couramment dans l'usage journalier par le rapadou. Pourtant, il a l'air d'augmenter singulièrement depuis peu : de 17 centimes, le voilà à 40 centimes aujourd'hui.

Le vin est tout à fait du luxe. Combien de gens peuvent en boire ! On pourrait les compter. Les personnes qui veulent garder du décorum se mettent sous l'autorité de la science moderne et déclarent doctement que le vin est mauvais pour la santé. Elles l'avaient jusqu'ici remplacé par le rhum, mais cette semaine, le voilà renchéri lui aussi. Il a augmenté, et sur toutes les qualités, d'une gourde par gallon. On n'en boira plus, ou modérément, et forcément on deviendra antialcoolique. Ce ne sera pas un mal de voir le peuple haïtien rangé sous la bannière de la tempérance par la rigueur des temps.

Pendant que l'on est ainsi réduit, quelques-uns qui ne burent de leur vie que la *brigade*, râpeuse de gorges, sablent le champagne à tous leurs repas. Les jambons d'York, les pâtés de foie gras qu'ils ne connurent que dans les services des morts ou les mariages fastueux — à l'époque où il y en avait encore, et auxquels ils s'invitaient quand on oubliait de les inviter — sont de leur menu quotidien... Dehors, la masse souffre, tout le monde souffre. C'est une calamité, un vrai désastre qui s'abat sur la fortune publique. Je crois cette fois que c'en est fait d'elle. Jamais, on n'a vu, par exemple, la propriété foncière si bas tombée. Telle *halle*, pour laquelle on refusait 10,000 dollars-or, il y a à peine un an, a été vendue ces jours-ci 5,000 gourdes, soit 1,000 dollars. C'est l'effondrement total, définitif. Il faudrait plus tard — si jamais ce *plus tard* arrive — des mesures radicales, suprêmes, pour essayer de nous relever d'une chute si profonde.

En attendant, ceux qui nous gouvernent estiment que ce n'est pas leur affaire. Ils ont détaché leur fortune de la nôtre, ils ont élevé une digue entre nous et eux. Jouisseurs et affamés n'habitent pas le même pôle. Nos souffrances ne les regardent donc pas. Faire les affaires du pays, quelle farce ! Leur temps est pris par les leurs.

— Le gouvernement a de l'argent, disent-ils quand ils veulent se donner la peine de nous expliquer leur système. Alors qu'il n'y en aura plus, il y en aura encore. Vive l'idée géniale ! Vive l'émission quand même ! — Le surplus, en dehors de cela, est le cadet de leurs soucis. Ils ne s'en préoccupent pas, et ils sont plus que jamais décidés à nous casser la gueule pour nous prouver que nous avons tort, malgré notre ventre vide, malgré la ruine générale, de ne pas nous déclarer satisfaits, de ne pas rassembler nos dernières forces pour hurler avec eux : « Vive l'idée géniale ! Vive l'émission quand même ! »

Avec eux, au reste, il faut tout le temps dire : « Vive ! » Le mot opposé, à quoi qu'il s'applique, leur est instinctivement séditieux. Bien que pour la grande émission, ils aient systématiquement aboli tout contrôle, il faudrait prendre un peu garde à crier : « A bas le contrôle ! » Car s'ils recommandent la pratique de la chose, érigée en un dogme sacré, omnipotent, ils n'acceptent pas encore ouvertement le mot qui en constate l'inanité et l'absence. Puis il serait injuste d'oublier qu'ils ont quelques chiffres, une sorte de comptabilité tenue entre eux et pour eux-mêmes, des bouts de papier, comme dit la commission d'enquête. Mais ce n'est qu'aux fins de se reconnaître dans le partage. Autrement les malins reviendraient trop souvent à la charge. Cela ferait des récriminations, ce qui serait contraire à l'harmonie d'une bonne administration.

On a dit cette semaine que notre ministre à Paris, M. Dalbémar Jean-Joseph, qui depuis plus d'un demi-quart de siècle occupe un poste à

l'étranger, rentrait, puis qu'il ne rentrait pas. M.
Solon Ménos part, dit-on, comme conseil du gouvernement dans l'affaire Aboilard. En voilà une
opération où notre bêtise, l'incurie, l'ignorance
de nos hommes d'Etat, leur cupidité, se sont
montrées dans toute leur splendeur ! M. Louis
Borno, après une éclipse passagère, reprend sa
place à Santo-Domingo. J'ai oublié de dire, je
crois, que M. Joseph Janvier n'est plus notre
ministre à Londres, qu'il a été remplacé par le
docteur Viard, qui, bien qu'absent du pays depuis
trente ans, dit-on, s'était récemment signalé à
l'attention du gouvernement dans un journal de
Saint-Etienne et dans les *Annales Diplomatiques
et Consulaires* de Paris, par une campagne vigou-
reuse contre les *consolidards* et à la louange du
général Nord. Je n'ai pas noté non plus, il me
semble, le départ pour l'Exposition de Saint-
Louis d'une délégation de quatre ou cinq membres. Ces messieurs sont chargés de nous assurer une belle place, de nous faire connaître dans
ce concert des nations. Déjà le public a pu lire
une interview reproduite par les journaux de
Port-au-Prince, et dans laquelle un de nos délégués, M. Edmond Roumain, loue comme il convient le chef de l'Etat et son gouvernement. Veuil-

lent les dieux que ce ne soit pas le pendant de Chicago ! Cependant, l'argent qu'on y dépensera pourrait être plus mal employé encore...

Ainsi les choses passent, changent, ont l'air de vivre dans cette illusion du mouvement factice. Le pays, toutefois, est bien malade, bien agonisant, bien près de rendre le dernier souffle en ce deuil de l'âme, en ce deuil de toute pensée. A aucune époque, pas même à celle de Soulouque ou à celle de Salnave, il ne s'est trouvé si bas.

8 juin.

Cette semaine a vu quelques publications. La Société de Législation a donné son numéro mensuel. Il s'y trouve une belle étude du docteur Léon Audain : *Le culte de la vie en Haïti*. C'est une conférence qu'il a faite au Petit-Théâtre pour sa réception dans la Société. Car, vous savez que, tout comme à l'Académie française, le récipiendaire est obligé de prononcer un discours auquel répond le président. Ce dernier, selon l'usage en pareille circonstance, n'a pas manqué d'égratigner légèrement le nouveau venu. C'est de tradition. Les deux discours sont à lire. Et il est bien dommage qu'on n'ait pas plus souvent l'occasion de semblables réunions.

M. Pommayrac a fait paraître une brochure intitulée : *De la nécessité absolue et de la possibilité d'abolir en Haïti les droits d'exportation, en donnant en même temps une valeur plus grande à la monnaie nationale.* Un peu long le titre. Très louable d'intention, toutefois.

L'auteur est un de nos poètes, pas seulement distingués, mais remarquables. Il est fort apprécié du public en cette qualité. L'idée même de sa brochure démontre qu'il n'a pas abdiqué, en s'occupant accidentellement de science sociale, la générosité de sentiments, l'horreur des injustices, la défense des faibles qui, généralement, caractérisent les êtres privilégiés parmi lesquels on s'est plu à le compter jusqu'à ce jour. Il veut donc qu'on soulage la misère de notre paysan. C'est très noble et c'est très beau. Le malheur, je le crains pour les idées de M. Pommayrac, est que, loin de dégrever le café, on ne soit obligé fatalement à le charger de nouveau. Ce sera la faute de beaucoup de choses. Le temps dont je dispose ne suffirait pas à leur énumération. Mais elles se concrètent en ce seul mot : papier-monnaie. Et, en réalité, malgré qu'il soit poète, M. Pommayrac a tort de le baptiser : *notre innocent papier-monnaie.* Même ses plus dévots servants, ceux qui n'ont pas hésité à multiplier sa circulation chez nous jusqu'à 13 millions, ceux qui croient qu'il est nécessaire de l'arrondir jusqu'à 20 millions, parce que, disent-ils, ce chiffre 13 est fatal et est la cause de la hausse du change, même le général Nord, dont avec le monopole du café il constitue, comme sous l'Empire, le dernier mot de la science économique, — ne l'appellent pas autrement que : *notre aimable fléau !* Ils conviennent que c'est un fléau, mais aimable pour eux, et c'est l'essentiel. Malgré leur naturelle audace, leur inépuisable superbe d'adjectifs pour qualifier tout ce qui est méprisable, bas, odieux, ruineux pour la nation, ils n'ont jamais osé : *innocent !*

Les héritiers de Thomas Madiou ont fait paraître un volume de son *Histoire d'Haïti* : années 1843-1846. L'avant-propos est assez mal écrit. Cela gagnerait à être mieux présenté, aussi bien au point de vue de la forme que des idées. En feuilletant le volume, j'y ai remarqué à la page 31 le mot *démolisateur.* Je suppose qu'il est fraîchement lancé dans la circulation et qu'il a la même signification que *démolisseur*, car il n'est pas question, on le voit par le sens de la phrase, de la syllabe *ra* oubliée par l'imprimeur. Je lirai attentivement le volume, non pas pour y trouver des expressions nouvelles — au contraire de mes concitoyens, je pense que celles que la langue française nous offre sont suffisantes — mais pour y chercher quelques aperçus ingénieux, quelques remarques justes sur les hommes, les événements de l'époque...

———

Et que devient la Chambre des députés durant ces jours ? Hier, vendredi, elle n'a pas eu de séance, faute de majorité. Elle avait demandé les comptes généraux dans le délai constitutionnel et quelques naïfs avaient cru voir dans cette demande une velléité d'opposition. On est vite revenu de cette impression. D'ailleurs, qui s'occupe des Chambres ? Peut-être ceux qui ont quelques concessions et contrats devant elles. Peut-être aussi la commission d'enquête. On avait lu dans les journaux, il y a quelque temps, que la Chambre s'honorerait et honorerait le pays en lui votant un don national, une gratification extraordinaire. On avait dit que le gouvernement allait faire une proposition dans ce sens. La Chambre, le gouvernement s'étaient dérobés. Le *Nouvelliste* publie, dans son numéro du 11 juin, un article intitulé : « La Commission d'enquête. » Cet article commence — vous ne voudriez pas qu'il en fût autrement — par faire l'éloge du chef de l'Etat. Il déclare :

« Le Président Nord mérite un hommage suprême de la part de la nation pour cette œuvre grandiose (la lutte du bien contre le mal). Des citoyens honorables l'ont compris et ont pris l'initiative d'élever une statue au général Nord Alexis. »

Ces préliminaires bien posés, et la statue sur sa base, l'auteur se demande :

« Mais, n'y a-t-il rien à faire pour les courageux exécuteurs de la pensée du chef de l'Etat ? Qu'adviendrait-il alors — si de nouveaux bouleversements tombaient sur Haïti — de ces valeureux citoyens, guettés par la haine même de ceux qui devraient les protéger et les encourager ? C'est à la nation à les assurer, par l'intermédiaire de ses mandataires, contre les hasards de la versatile politique haïtienne... Nous devons les garer au moins de ne pas mourir affamés et sur un lit d'hôpital, loin de la terre natale. Messieurs les sénateurs, messieurs les députés, c'est à votre conscience que s'adresse cette première supplique ! »

Pourvu qu'on n'interprète pas dans un sens équivoque cette demande en faveur de la commission ! Si on allait lui faire observer que les mots « les hasards de la versatile politique haïtienne » ne prouvent pas une foi bien profonde dans l'avenir. Qu'est-ce qu'elle veut dire par là ? Ne craint-elle pas qu'on lui rappelle l'apologue des rats quittant le navire qui fait eau ? Il y a tant de gens disposés à interpréter de travers la chose la plus innocente ! Tout cela est assez terre-à-terre. On aurait préféré que les porte-paroles de la commission n'eussent pas l'air de peser ainsi sur les Chambres, d'autant plus qu'elle est payée pour son travail, que chacun de ses membres reçoit mensuellement 300 gourdes, je crois. Le courage civique, puisque c'est là le titre de l'article, pour être admiré, doit être entier, complet. On ne doit pas craindre le sort injuste quand on fait son devoir. « Les glorieux promoteurs de l'enquête parlementaire », dont l'auteur de l'article invoque la mémoire, n'agissaient pas de cette façon. Ces considérations attendrissantes n'avaient aucune valeur pour eux. Il faut leur rendre cette justice qu'ils se seraient cru déshonorés si jamais on les eût invoqués à leur égard. Et quand on se réclame d'eux — précisément à notre époque subtile, raffinée, où, avant de proclamer la vertu, il convient de l'éprouver comme on éprouve une pièce d'or en la faisant sonner maintes et maintes fois, — il faut savoir les imiter dans le dédain absolu de tout ce qui peut arriver plus tard.

Personne plus que moi n'admire l'œuvre de la commission. Ce n'est pas pourtant que je la trouve sans défauts. C'est déjà bien beau qu'elle ait tant de qualités, et, au premier rang, ce travail patient, lent, ce dégagement de tant de chiffres et d'opérations obscurs. J'y aurais cependant voulu moins de fougue, moins d'appréciations virulentes, d'argumentations personnelles, moins de discours, de hors-d'œuvre. Elle aurait gagné en harmonie, en beauté parfaite. Une impartialité froide, inplacable, eût donné un caractère bien plus impressionnant à ses conclusions. Elle eût été moins critiquée. Déjà on n'eût pas osé murmurer que, sous des dehors d'austérité farouche, elle a été quelque peu servante de l'autorité ou de certaines influences pour épargner tel ou tel personnage et rengainer son tonnerre dans telle ou telle catégorie de titres. Calomnie assurément, mais calomnie qui a tenté de vivre. Et *les glorieux promoteurs de l'enquête parlementaire*, dont elle se dit l'héritière, ne connurent pas ces soupçons.

La campagne qu'on entreprend en ce moment pour faire donner de l'argent à la Commission, en dehors de son salaire mensuel, n'est pas en rapport avec son rôle de hautaine justicière. Elle a pensé être sur un piédestal. Dans son intérêt propre, ne lui permettons pas d'en descendre. Du reste, cette campagne n'a pas non plus beaucoup de chance d'aboutir, car cette affaire des consolidards a été si mal menée, elle est devenue si embêtante par son interminable longueur qu'elle n'est plus guère populaire. Il n'en est pas de la faute de la Commission, certes. Il est naturel toutefois qu'elle en pâtisse. Donc, on ne lui votera rien.

———

12 juin.

Je viens de lire dans le *Matin*, de Paris, les lignes suivantes :

« L'IMPÉRIALISME AMÉRICAIN

« *New-York*, 21 mai. — Un banquet a eu lieu hier soir pour célébrer le second anniversaire de

l'indépendance de Cuba. Le secrétaire à la guerre,
qui présidait, a lu une lettre du président
Roosevelt dans laquelle on relève les déclarations
suivantes :

« Il est faux que les Etats-Unis soient assoiffés
« de conquêtes territoriales. Aucune nation n'a
« à craindre les Etats-Unis si elle maintient
« l'ordre, si elle s'acquitte de ses obligations, si
« elle montre qu'elle sait agir convenablement en
« matière de politique et d'industrie. Mais la mal-
« faisance brutale et continue, l'impuissance qui
« résulte du relâchement général des liens d'une
« société civilisée, voilà ce qui peut aboutir à une
« intervention. Les Etats-Unis ne peuvent pas se
« soustraire à ce devoir dans l'hémisphère occi-
« dental. »

Petite Haïti, prends garde ! Ecoute bien cet
avertissement. Si tu veux conserver ton autonomie, qui est en somme ta seule raison d'être,
car elle découle d'un legs précieux, sois sage, sois
avisée ! Il n'y a que l'intelligence, que la bonne
foi appliquées à tes affaires qui peuvent encore
empêcher ta chute... N'as-tu pas honte d'une destinée si diamétralement opposée à l'aurore de ta
vie ? Cependant, tu te laisses de mieux en mieux

conduire par l'ignorance, par l'incapacité. L'une et l'autre le précipiteront sûrement dans l'abîme, car elles ne savent pas, elles ne peuvent pas savoir. Ceux qui profitent de ta folie te crient sans cesse que tu es jeune, que les cent ans ne sont rien dans l'existence des peuples, que la France, que l'Angleterre, que tous les peuples ont passé par les longues gestations, les jeunesses orageuses, stériles. Cela se peut pour les autres. Mais toi, hélas ! tu n'as plus une minute à perdre. Écoute ce que Roosevelt te dit. Tu aurais grand tort de l'oublier, car c'est là désormais tout le secret de ton fragile destin... Marche ou meurs !...

15 juin.

L'article sur la commission d'enquête — demandant que les Chambres votent à ses membres une récompense afin que, quand la politique aura tourné, ils soient à l'abri du besoin — parle, on s'en souvient, de la statue qu'on est en train d'élever au Président. On m'a conté hier une anecdote assez curieuse à ce sujet. M. X.., qui est le promoteur de la chose, est allé trouver le général

Nord pour lui demander sur quelle place il conviendrait que sa statue soit élevée : Panthéon, Champ-de-Mars, en face de Dessalines, place Pétion, place de la Paix, ou mieux, sur une nouvelle place qu'on baptiserait : Saint-Alexis.

— Sur aucune, répondit le président après avoir réfléchi.

— Comment, sur aucune ! s'exclama le statufieur.

— Il faut l'édifier sous mes yeux, au Palais même.

Etonnement prolongé de l'interlocuteur qui cherche à comprendre, mais n'arrive pas...

— Oui, expliqua le général. Je ne veux pas que des polissons fassent à mes pieds ou lancent à mon visage des ordures. Je ne veux pas être profané. On élèvera la statue au Palais même.

Le public sera donc privé de contempler les traits en marbre ou en bronze du chef de l'Etat. Toutefois, c'est sagement pensé. Les statues ont souvent des destins si contraires, par la suite ! Et on peut se demander si le général n'a pas voulu se moquer du promoteur et donner, en sa personne, à ceux qui l'entourent, une petite leçon de modestie et de prévoyance. Néanmoins, rien n'est plus improbable, car si les exploiteurs se gaudissent, au fond, de leurs victimes, il est fort incertain que celles-ci, à aucun moment, aient la clairvoyance nécessaire pour démêler l'exploitation et se payer à leur tour la tête de ceux-là.

---

18 juin.

A noter, dans *Le Nouvelliste* de ce jour, cet extrait de la chronique parlementaire : « Le député X... se porta candidat à la présidence de la Chambre, pensa plus tard à retirer sa candidature, un grand, expliqua-t-il, lui ayant conseillé de s'abstenir... Le député Z... recommanda le bureau sortant. Et il lui dit, à son tour, qu'il a vu aussi un *grand* qui lui a conseillé de garder le même bureau. »

On ne sait, en vérité, s'il faut pleurer ou rire. Dans tous les cas, on ne peut reprocher à ces mandataires de manquer de franchise.

Un nouveau journal, *Le Bulletin du Commerce,* a paru. Combien de temps vivra-t-il ? Le rédacteur en chef en est M. Arsène Chevry. C'est un esprit élevé, cultivé et qui, de plus, quoique peu aisé, jouit d'une excellente réputation d'indépendance. Je voudrais qu'il réussisse. Le *Bulletin* s'intitule, très modestement : *Revue commerciale, industrielle, agricole*. Il n'a garde d'ajouter : politique. Il y a, entre autres, un article fort bien fait sur nos cafés en Europe, et qui débute ainsi :

« La production mondiale de cette denrée est de quinze millions de sacs, dont treize millions pour le seul Brésil. La consommation n'a pas augmenté dans le même rapport ; à tel point qu'il existe depuis deux ans une masse invendue de neuf millions de sacs qu'on ne peut réussir à caser. Heureusement, les Haïtiens ne figurent guère parmi ces disgrâciés, et le Brésil les peut revendiquer en bloc. Le Brésil est assez riche pour se payer cette fantaisie ou ce désagrément. Mais a-t-on pensé à ce qu'il adviendrait de nous et de notre pays le jour où trois ou quatre cent mille de nos sacs, sur nos cinq cent mille, viendraient à s'égarer dans ce stock lamentable de *refusés* ? Ce serait la banqueroute, ce serait la ruine. Les exportations baisseraient en proportion, les importations seraient nulles. L'Etat n'aurait plus aucune ressource pour payer ses dettes, ni pour solder ses employés, ni pour faire les frais les plus élémentaires d'un gouvernement. Ce serait un désastre dont Haïti ne se relèverait jamais et où sombrerait, probablement, son indépendance.»

Triste, le tableau. Heureusement, nous ne songeons jamais que nous pourrions encore être plus malheureux que nous ne le sommes déjà.

⎯⎯⎯⎯⎯⎯

19 juin.

On recommence à reparler de la commission d'enquête, dont on ne s'occupait guère : elle prend du reste à tâche de rappeler à elle l'opinion en publiant maintenant, deux fois par semaine, ses procès-verbaux. Beaucoup de bruit autour de ces interrogatoires qui, de temps en temps, amènent quelques arrestations.

Les uns continuent à dire que l'œuvre est tronquée, que certains gros bonnets, des *grands*, pour parler comme les députés, étant compromis, on jette cependant un voile sur leurs actes, qu'on ne les recherche pas, qu'ils ne sont pas même cités devant la commission. Selon ces raconteurs, la commission obéit aux ordres qu'on lui donne, n'instruit que sur instructions spéciales. Elle a plusieurs poids et plusieurs mesures. D'autres continuent à soutenir qu'on ne peut accorder aucune valeur morale à son œuvre, que c'est beaucoup que de lui reconnaître la circonstance atténuante d'avoir été au début trompée, de n'avoir pas su démêler le rôle qu'on devait lui faire jouer plus tard. Qu'en somme, elle n'a été créée que pour attraper le public et permettre, sous le manteau de la vertu et de l'intégrité, les plus tristes méfaits qu'on ait jamais osé en ce pays. Ils ajoutent que le devoir de la commission, aussitôt qu'elle avait vu le gouvernement ouvrir la porte aux irrégularités, à l'absence systématique de contrôle, à la tyrannie des personnes et de la pensée, que son devoir était de s'effacer. Ne l'ayant pas fait, ayant consenti à tout, ayant prêté son appui moral à tout ce qui s'est effectué, ayant poursuivi au nom et pour le compte d'un régime qui, hors les consolidards, semblait n'avoir que la plus aveugle tendresse pour les dilapidateurs, pour un régime qui était l'expression même de la dilapidation, la commission ne saurait prétendre à notre reconnaissance. Le public, la morale ne lui doivent rien. L'œuvre est mort-née. N'ayant pas produit d'effet utile au moment de son accomplissement et sur ses propres initiateurs, comment pourrait-elle en produire dans l'avenir ? Comment pourrait-elle lui apparaître autrement que comme un mensonge et une félonie envers la nation puisqu'aucun des bienfaits que sa création semblait nous assurer n'a été accompli ? Viciée dans sa source, elle reste une besogne louche, de parti, où l'équité n'a pas été l'unique inspiratrice, n'a pas dominé tout le plan. Le masque de l'intégrité, dont on l'a si solennellement coiffée, ne lui enlève pas sa tare originelle qui est l'hypocrisie du pouvoir. Mais, heureusement, ce n'a été qu'un moment que cette hypocrisie a réussi à faire prendre à notre naïveté ces loups dévorants pour de braves petits agneaux, honnêtes et sans malice...

Ce jugement est injuste. Il prouve cependant quel chemin a été parcouru depuis que la commission soulevait, il y a quelques mois, de si nobles clameurs d'enthousiasme. L'opinion est déçue, c'est incontestable. La condamnation même de ces grands coupables qui nous ont si audacieusement détroussés la laissera froide. C'est qu'elle est bien désillusionnée. Ce ne sont plus, il est vrai, de consolidés faux dont il s'agit cette fois. Cependant, c'est toujours la même chose, c'est même mieux : c'est le sang, la sueur de ce peuple solidifiés, de toutes parts, en hâte, avec rage, en bons dollars or... Que voulez-vous ? il y a 10,000,000 à convertir. Il faut faire vite.

Un sénateur de la République me racontait une anecdote qui pourrait peut-être trouver sa place ici :

« J'étais assez jeune, me disait-il, à l'entrée des Cacos à Port-au-Prince. Pendant quelques jours on fusilla les vaincus sans discontinuer. Cela n'intéressait pas extraordinairement, puisque c'était l'usage. Mais un parent à moi, dont les nerfs sans doute n'étaient pas faits à cette coutume, prenait ses cheveux à pleines mains, se les arrachait violemment chaque fois qu'il entendait le bruit de la mousqueterie, annonçant une exécution nouvelle. Il s'écriait désespérément :

« — Mon Dieu ! Mon Dieu ! pourquoi tuer, tuer « toujours ? »

« Afin de le calmer, je lui dis :

« — Mais, mon oncle, c'est pour les principes, c'est pour le respect de la Constitution violée, qu'on fusille ces gens...

« Alors lui, furieux, me prit le bras, me le secoua avec force. Et, ouvrant la bouche fébrilement, il me saccada à l'oreille :

« — C'est pas vrai, vous savez bien que c'est « pas vrai. C'est pour le dieu dollar, *american* « *gold*, qu'on fusille ! »

Il y a des gens qui prétendent, comme l'oncle du sénateur, que c'est là, au fait, toute la philosophie de notre histoire.

24 juin.

Le vent souffle terriblement depuis quelques jours. La ville, dès huit heures, est grise de poussière opaque. Elle vient par rafales, elle cache les passants, les maisons, elle entrave la circulation. Le système nerveux est horriblement surexcité de ce vent, de cette poussière mariés et combinés.

On entre en plein dans la morte-saison. Le *bord de mer*, déjà bien triste, est tout à fait endeuillé. Les visages sont de plus en plus mornes, les plaintes de plus en plus générales. Les feuilles arriérées, qui étaient le pain quotidien des courtiers, deviennent rares : les vendeurs ne les lâchent plus à l'escompte d'antan. Ils trouvent que c'est justice de bénéficier, eux aussi, à la sarabande de l'émission.

Il paraît de plus en plus lumineux que les 10 millions n'ont été votés que pour payer les feuilles des exercices périmés, achetées à 90 et 85 0/0 d'escompte. Ce trafic se fait *coram populo*, les courtiers disent les noms de leurs acheteurs, hauts et puissants seigneurs, dames illustres. Ils citent publiquement, sans vergogne, sans cachotterie : l'opération est licite, prétend-on. L'Etat devait ces ces sommes-là. Il doit payer intégralement. Rien de plus équitable. Il n'est même plus besoin, comme au timide temps passé, d'un pseudonyme — voir procès-verbal de la commission, *Moniteur* du 22 juin — pour voiler les opérations louches. Belle époque pour cette sorte de vertu que nous devons admirer sous peine de forfaiture civique, qui dépouille l'Etat et poursuit le vice du prédécesseur ! On pourrait s'y tromper, tant cela ressemble à de la jalousie rétrospective.

En attendant, on a mis hier sous corde et on a retourné à Jacmel, M. X..., fonctionnaire à la douane dudit lieu, qui, dit-on, a malversé. C'est d'un bel, d'un salutaire exemple. Soulouque, gouvernement équitable, scrupuleux, on le sait, et qui n'aimait pas qu'on prit son bien, fit traîner aussi la chaîne, dans les rues de Port-au-Prince, à quelques fonctionnaires...

Le change est à 400 0/0 et il y a lieu de s'étonner qu'il y reste, avec notre circulation actuelle. C'est surtout parce qu'il n'y a plus d'affaires. Ni demandes d'or, que tout juste le strict nécessaire à l'arrivée du bateau de New-York, ni ventes dans les magasins. Stagnation complète. Il suffira pourtant d'un rien pour qu'il grimpe rapidement. La petite monnaie est toujours à 40 0/0 de prime. Quand vous achetez pour 70 ou 80 centimes, vous abandonnez, et vous y avez intérêt plutôt que de payer en monnaie, votre piastre entière. Au surplus, ce serait peine perdue à réclamer la différence. De là renchérissement de tous les articles de nécessité. La nouvelle monnaie de nickel est encore à 30 0/0, mais montera. Des gens affirment pourtant qu'il y en a des quantités de pièces en plomb, qui ne portent aucune empreinte, pas même le gros chiffre 5 au revers. C'est une petite rondelle de métal, disent-ils, qui circule, qui n'a pas moins de valeur, n'est pas moins recherchée que l'autre...

La Chambre a voté, je crois l'avoir déjà dit, le renvoi des consolidards — grands fonctionnaires, Président, ministres — devant les tribunaux ordinaires. On promet le procès pour la session de septembre. Quant aux comptes généraux, la Chambre ne sait pas ce que c'est, elle n'a pas même nommé la commission y relative : un silence harmonieux plane là-dessus. Aussi, les badauds qui pensaient que c'était là une grosse affaire pour le cabinet ont été déçus jusqu'à présent. Ayant la foi robuste, ils attendent maintenant autre chose. Sans doute, ce sera pour quand le ministre des finances ne pourra plus rien donner aux meneurs. Mais pourquoi ne pourrait-il plus rien leur donner, puisque la plaque d'impression de nos billets existe toujours à New-York ?

Les choses se déroulent ainsi par ces jours de poussière et de misère. Le monde officiel tire sa pleine coupe, au-dessus de nos têtes, dans la joie parfaite, tandis que nous coulons à pic dans l'abîme insondable de toutes les détresses... Je pense parfois, en écrivant mélancoliquement ces notes, qu'elles pourront peut-être un jour réveiller la mémoire endormie du peuple haïtien, le faire se souvenir de ce passé si triste. Il serait, en effet, désirable qu'il se souvînt, qu'il se rappelât plus tard, pour ne plus l'oublier, la honte d'être ainsi gouverné en plein vingtième siècle, qu'il se souvînt, afin qu'on puisse espérer en sa résurrection. Mais c'est un fol espoir que j'ai là. Le peuple haïtien est essentiellement oublieux. Il perd vite le lendemain le souvenir de ce dont il a le plus pâti la veille. Cette légèreté empêche radicalement toute amélioration ; elle s'oppose à toute prévoyance courageuse. Ainsi donc, rien ne garantit qu'on ne revoie encore pire que cet homme de quatre-vingt-sept ans, hissé au pouvoir par un coup d'Etat, gouverné, on le dit, en dépit de son mérite personnel, par quelques individus sans idées et sans conscience, dont le seul programme, le seul d'ailleurs qui suffise au maintien de leur influence, consiste à crier, matin et soir : « Salut, grand guerrier, grand administrateur, grand financier, synthèse de la race ! Tu es tout, tu sais tout ! Ton image domine le monde... et notre papier-monnaie ! »

Le général est un vieux militaire, incontestablement patriote, tout au moins à sa façon. On en verra, dans la suite, qui ne le seront guère. Et il ne faudrait plus de militaires à la tête de notre pays...

On parle assez vivement d'un incident diplomatique arrivé il y a deux soirs. Le voici en deux mots : le ministre de France et son collègue allemand, avec leurs femmes, revenant de dîner, passaient devant les sentinelles du Palais national. Après avoir répondu à leur *qui-vive*, ils furent assaillis à coups de pierre. Un des projectiles atteignit, dit-on, au genou le ministre de France. Le lendemain, les deux légations déclarèrent qu'elles resteraient ouvertes jusqu'à dix heures du soir pour attendre des excuses. Elles vinrent sous la forme d'un aide de camp du président. Les légations déclarèrent qu'elles ne les acceptaient pas de cette façon, qu'elles devaient être présentées par le ministre des relations extérieures. L'affaire en est là. Les potins vont leur train. On dit... mais on dit tant de choses, très souvent fausses !

Je souhaite du plus profond de mon cœur qu'il n'en sorte rien de désagréable, d'humiliant pour le pays. Il n'y a rien là de sérieux, au reste, et cela devait être réglé courtoisement dès le lendemain matin, à la première heure.

25 juin.

Le vent balaie de plus en plus la campagne et la ville. *Balaie* n'est pas le mot : c'est horriblement sale. Et on est énervé, inquiet, le problème journalier de la vie se compliquant de cette énorme lassitude morale que n'apaisent pas les nuits étouffantes. Misère et poussière, telle pourrait être la devise des temps. Poussière au figuré et au propre, car elle n'est pas seulement dans nos rues, elle est aussi dans nos âmes. La pluie prochaine, que la lune annonce, chassera cette poussière et ce vent, mais ne changera pas les âmes, ne leur donnera jamais jeunesse, vigueur, beauté, comme à la terre. Elles resteront menues, inconsistantes et toujours de poussière.

27 juin.

Pendant qu'hier après-midi, en de sonores appels militaires, Gibosiens et Saint-Louisiens évoluaient au Champ-de-Mars, je suis allé causer avec *Bric-à-Brac*. Il habite dans le morne, tout au fond d'un petit chemin de traverse, raidillon qui vous fait haleter à la montée, dégringoler à la descente, et dont les côtés sont bordés de câpriers sauvages aux fleurs de topaze, de cardasses épineuses, de figuiers maudits aux bras décharnés.

Bric-à-Brac n'est pas le premier venu. Son surnom lui vient sans doute de ce qu'il est toujours accoutré de pièces différentes, bizarres, de ton disparate. Ni les deux jambes de son pantalon, ni les deux manches de sa veste ne sont jamais semblables : quand l'une est en casimir, l'autre est en toile, quand l'une est noire, l'autre est blanche. Sa manie est dans cette diversité. Il n'a jamais mis deux chaussettes qui fussent de couleur semblable, ni deux souliers uniformément cirés ou vernis. Sur son gilet bicolore une massive chaîne d'argent se balance sans cesse dans le renfoncement d'un ventre plat, car Bric-à-Brac est sec et maigre. Les nombreuses breloques, médailles, pièces de monnaie, dents de caïman qui agrémentent ladite chaîne font une musique incessante à chacun de ses mouvements. Il ne porte jamais de chapeau. Et, par tous les temps, qu'il fasse beau ou qu'il pleuve, la nuit ou le jour, il ne sort que sous le vaste dôme d'un parapluie gigantesque, multicolore, qu'Arlequin n'eût pas désavoué.

Son histoire vaut la peine d'être contée. Elle s'achève présentement dans une sorte de folie tragique où la compassion éteint le rire et rend, malgré tout, sympathique cette âme naufragée.

Bric-à-Brac, qui n'était, du temps de sa raison, que le citoyen Jean-Chrysostome Primus

Garoute, avait gagné sa modeste fortune dans la pacotille. Il avait un fils né de son libre commerce avec une jeune griffonne, laquelle, durant ses séjours à Port-au-Prince, faisait sa cuisine et son ménage, mais qui, en dehors de ses fonctions officielles, embellissait sa solitude. Il choya ce fils, le gâta de toutes les façons. Ce fils devint, après le troc de ses marchandises contre les denrées de la côte, son unique passion. Il le fit élever en Europe. Quand il en revint, sur ses vingt-quatre ans, le délire du père ne connut plus de bornes ; le roi — c'est-à-dire le chef de l'État — n'était déjà plus son camarade. Il se crut le seul, le vrai, l'unique père, au-dessus de tous les pères du monde. Entre temps, ses affaires ayant prospéré, il avait acheté une propriété à la capitale, s'y était même bâti une *halle* solide, maçonnerie et portes en fer, où il emmagasinait le café que ses clients lui consignaient, car maintenant il ne voyageait plus, l'âge mûr arrivant, et surtout pour ne plus quitter son fils d'un pas. Celui-ci était un grand garçon, à la parole facile, aux sentiments à fleur de peau. Il parlait sans cesse de *propulser* le pays. Il possédait une étagère remplie de bouquins qu'il consultait souvent, révélait confidemment aux passants, aux oisifs qu'il prépa-

rait un grand ouvrage sociologique, un *gros*
livre, une sorte de manifeste de la race en cinq
cents pages, et qui changerait radicalement la
face d'Haïti. Peu à peu, quelques-uns des passants devinrent des adeptes et rêvèrent avec lui.
Or, comme chacun le sait, gouverner c'est prévenir. Le gouvernement prévint le changement
annoncé en arrêtant les rêveurs qui, malheureusement pour eux, avaient condensé, en dehors du
gros livre de leur chef qui était embryonnaire,
leurs rêves en différents papiers intimes, plus
directement applicables à la situation. Ils furent
jugés, condamnés, et, deux heures après, exécutés à *la chaude*, en vertu de la loi martiale qui est
le vrai régime constitutionnel de la société haïtienne. Et aussi parce que personne ne pratique
avec plus d'autorité que nos chefs d'Etat, et sans
le connaître exactement, cependant d'instinct, le
mot classique de Cicéron parlant des complices
de Catilina : *Ils ont vécu !* — à moins que ce ne
soit plutôt la paraphrase de la lettre célèbre de
César : *Arrêté, jugé, fusillé !*

Le père Jean-Chrysostome Garoute, dans ses
savates matinales, une de ses bretelles pendillant
après lui, eut tout juste le temps d'accourir avec
un drap blanc pour l'ensevelissement de la *chose*

trouée, écrabouillée qui, un instant auparavant, était sa joie, son orgueil, sa passion. Quelques jours après, quand il sortit de sa prostration silencieuse, il était devenu Bric-à-Brac.

Sa folie fut douce, intermittente, inoffensive. Dans son admiration dévote au fils disparu, il voulut le continuer et le revivre. Il se plongea dans l'étagère qu'il avait laissée. Il s'imbiba, il s'intoxiqua des volumes dépareillés qui en ornaient les tablettes. D'autres ingurgitent du tafia à hautes doses en de semblables circonstances. Il prit, lui, des lectures à pleines mains. Elles furent vraisemblablement lourdes, indigestes, détraquantes à son pauvre cerveau. Peu à peu la métamorphose s'accomplit. Il devint le *Révélateur*, le *Prophète*, l'*Annonciateur* des temps futurs. Sa prédiction, toutefois, n'était pas contagieuse. Elle était à domicile. Il fallait venir chez lui pour la recevoir. Au dehors, sauf son costume, rien n'annonçait en sa personne la prédestination. Il attendait paisiblement, sans hâte, que l'Assemblée nationale, enfin éclairée, l'investît du pouvoir suprême. Chaque jour il espérait la députation qui devait venir le chercher pour l'installer au Palais national. Quant le soir arrivait, il renvoyait l'événement au lendemain. Mais rien ne trahisait son impatience, ni un geste, ni un mot.

Il était convaincu et n'avait pas de défaillance. Cela ne pouvait ne pas être. Il ne recherchait, ni ne repoussait personne. Il causait posément, tranquillement, sensément durant de longues heures. Il causait même fort bien. Comme la science politique est, à proprement parler, celle des illusionnistes, rien ne vous révélait la fêlure de son esprit jusqu'au dernier moment, au moment du départ. Alors il vous disait dans un sourire tranquille, les doigts passés aux entournures de son gilet le plus souvent vert et jaune :

— Je vois que je puis compter sur vous. Votre visite atteste que vous possédez un cœur bien trempé de pilier de la propulsion nationale. Revenez donc demain, afin que je vous confère sur parchemin le grade digne de votre mérite.

Pour méditer en paix sur l'évolution future, pour la mûrir, Bric-à-Brac s'était retiré dans cette maisonnette au bout du raidillon. Ce n'était pas par intérêt personnel que j'allais le visiter cet après-midi-là, car il y avait longtemps qu'il m'avait assigné ma place dans son ordre de choses futur. J'allais le voir, et cela m'arrivait de temps en temps, parce que j'avais démêlé une certaine originalité, du bon sens même dans son esprit : je m'excuse de ce mot appliqué à un fou. Il me paraissait avoir, à travers ses divagations intermittentes,- une singulière façon de raisonner, d'apprécier les hommes, les choses, de commenter enfin ses lectures, de les digérer dans sa profonde solitude. Car sous la rude férule de M. Trichet, corrégidor qui forma sa génération, il avait appris à peu près ses éléments. Oublié, endormi, cela s'était réveillé dans la catastrophe qui lui avait enlevé son fils. Cela s'était réveillé comme une douce, une pieuse consolation, afin qu'il pût vivre, communier quotidiennement avec lui, dans ses livres, dans ce qui avait fait sa conversation et ses entretiens familiers ici-bas. Il y a des pères qui, la lourde besogne du jour achevée, se font répétiteur pour pousser leur enfant dans ses classes. Bric-à-Brac avait empilé, vaille que vaille, des lectures pour s'entretenir avec le sien, le continuer chez ses concitoyens dans ce qui lui avait paru être son œuvre parmi eux.

Je passai la main entre les gommiers de l'entourage et détachai, à l'intérieur, le crochet de la petite barrière. Un chien grogna furieusement. Bric-à-Brac parut à son huis.

— Taisez-vous, Brillant, cria-t-il. C'est un ami

Il faut bien l'accueillir, et même avec des transports d'allégresse...

Et se rapprochant :

— Nous allons nous asseoir sous la galerie, voulez-vous ? L'heure n'est plus chaude. Le soleil est derrière la maison.

Il m'offrit une chaise et s'assit en face de moi.

— Monsieur Garoute, lui dis-je après les politesses d'usage, mes informations sur son sommeil, son appétit, sa santé en général, qu'il me déclara bonne, Dieu merci ! — Monsieur Garoute, que pensez-vous de la situation ?

— Elle fait le maximum du pire. Le pain de 10 centimes ne peut pas boucher un trou de dent, la viande, même celle qui sert à confectionner le *tasso*, vaut 50 centimes la livre, et on ne rend pas la monnaie, il faut acheter pour la gourde entière. Nonobstant, il est bruit que le syndicat des bouchers va la porter à 70 centimes. Le peuple est affreusement malheureux, mais résigné à son habitude, car il est dans sa nature de se révolter quand il est heureux, et *cabesté* quand il souffre. Les moins à plaindre agonisent sur leur *wharf*. Il n'y a plus de lit, ce qui s'est appelé lit au temps passé, nulle part ; on ne voit partout que la natte sur la terre battue ou, chez les moins misérables, le *wharf*, comme je viens de vous le dire. Connaissez-vous le *wharf* ? C'est une caisse vide sur laquelle on étend sa paillasse. Dans l'intérieur, et en forme d'armoire, on fourre ses hardes rapiécées. Et c'est encore du luxe, une grande parade chez les pauvres, car les planches sont hors de prix et on pourrait vendre le *wharf* beaucoup d'argent !

Pour ce qui est des riches, dont il paraît que je suis, notre sort n'est guère plus enviable... De temps en temps, mon locataire de la ville me paie un mois quand il m'en doit cinq ou six. Ma halle du *bord de mer* n'est pas louée depuis un an, et je vais prendre de l'argent dessus à hypothèque. En attendant, il ne se passe pas de jour où le canon ne tonne, où la cymbale n'éclate, pour le moindre déplacement, la plus légère promenade, le plus petit éternuement de ceux qui gouvernent sans savoir le métier. Le peuple haïtien est radicalement malheureux et ridicule. Le monde le sait. Les tambours et les fifres ne peuvent donc pas donner le change sur les maux dont il souffre. Ils ne peuvent qu'étouffer sa voix, et il faut dire qu'ils remplissent bien leur rôle à l'occasion !

— Cela, monsieur Garoute, c'est la situation privée de chacun, c'est le sacrifice journalier que nous faisons individuellement à la patrie. Mais ce n'est pas de cela, ce n'est pas de cette misère que je voudrais vous entretenir. Je voudrais plutôt que vous me parliez de la situation à un point de vue général, que même vous m'en tiriez, selon votre usage, la philosophie, que vous m'en dégagiez le sens qu'elle aura sur l'avenir... Votre génie, et ce détachement des petits côtés que je vous connais éclaireront notre chaos, j'en suis sûr.

— Vous me faites aller bien haut, monsieur. C'est au sommet même de la montagne que vous m'invitez à monter. Cependant, je n'ai pas peur du vertige... Mais, attendez, je veux vous citer une pensée que j'ai méditée toute la matinée. Elle est d'un des auteurs aimés de mon fils. Peut-être cet écrivain n'est-il plus à la mode pour vous. On change si vite de ce temps ! Toutefois, je soutiens que la philosophie de notre état social est résumée dans ce que je vais vous lire.

M. Jean-Chrysostôme Garoute se leva. Il se dirigea vers sa chambre. Le chien hargneux, qui s'était couché devant sa chaise, le voyant s'en aller, se dressa sur ses pattes. Il grogna rageusement du côté de mes jambes. M. Garoute revint sur ses pas avec impatience. Il détacha à l'animal

un vigoureux coup de pied, qui le décida inconti-
nent à se recoucher. Le fixant, il lui cria : « *Pé tou
cou !* » Quand il rentra sous la galerie, une
minute après, il avait à la main un volume
entr'ouvert :

—C'est un exemplaire, monsieur de la *Vie des
grands hommes*, de Lamartine. Voici ce que cet
illustre homme d'Etat dit, à la page 139 de son
étude sur Cromwell : « Rien n'est plus souple et
plus servile que les factions domptées. Comme
elles contiennent généralement plus d'insolence.
que de force et plus de passion que de patriotisme, quand la passion épuisée se retire d'elles.
les factions ressemblent aux globes des aérostats,
qui semblent occuper une place immense dans
l'espace et se confondre avec les étoiles, pendant
qu'ils s'élèvent gonflés d'air inflammable, et qui,
lorsque ce gaz est évaporé, retombent à plat sur
le sol et tiennent dans la main d'un enfant. »

Voilà, monsieur, en quelques mots, toute la
philosophie de notre histoire. Vous n'êtes pas sans
savoir l'orgueil soi-disant indomptable de nos
multiples révolutions, leurs aspirations impé-
rieuses, la soif insatiable de liberté, de progrès
qui les dévore. Et vous avez vu aussi comment
tout cela s'abdique bien vite le moment d'après

devant la volonté d'un seul. C'est le globe lumineux qui, dégonflé, tient dans la main d'un enfant. Non, nous avons essuyé trop de bouleversements pour ne pas être serviles, pour ne pas perdre complètement le sentiment du contrôle et de la responsabilité de nos actes publics.

Je vous le dis, foi de Garoute, là est le mal. Prenons, si vous voulez, un fait de ces temps-ci. Voyez cette mémorable émission de papier-monnaie. Je sais qu'on a dit que le gouvernement était aux abois, qu'il était placé par la Banque dans ce dilemme : périr d'inanition ou recevoir quelques faibles subsides contre l'abandon formel du procès des consolidards. Dans cette extrémité, il choisit l'émission. Je ne songerais pas à l'en blâmer — bien qu'on pût faire autre chose — si ce choix avait été dicté par une pensée patriotique, honorable, s'il n'avait pas été uniquement déterminé par son lucre, froidement délibéré et voulu. Il nous a égorgés pour se gorger. Ce sera demain le mot de cette histoire. Quand ce sang, ce suprême sang du peuple devait lui être sacré, il l'a répandu jusqu'à sa dernière pauvre goutte. Pourquoi ne s'est-il trouvé personne dans les Chambres pour le rappeler au devoir, pour lui prêcher au moins la modération ? Pourquoi ne lui a-t-on voté que juste ce qu'il fallait pour compléter, avec ses rentrées, le service de ses douzièmes ? A quoi bon ce déluge ? Le servilisme, monsieur, toujours le servilisme. Il faut faire sa cour, ne pas déplaire, ne pas être mal coté. Tout est là. Heureux sommes-nous qu'on ne lui ait pas donné le double de ce qu'il demandait !

On me dira qu'il y a eu aussi l'espoir d'avoir sa petite part du festin : *calypsos*, travaux publics, ou les deux jumelés comme souvent. Oui, cela est vrai.

Cependant, c'est le servilisme qui engendre tout cela. On ne leur donnerait rien, ou presque, à ces singuliers mandataires qu'ils voteraient tout de même. Le servilisme est une épidémie morale faite de peur, de malpropretés, de défaillances, pétries ensemble. Peu à peu elle conduit à la boue comme à un élément naturel. L'homme devient pourceau. Alors il ne s'étonne plus de son abjection. Il n'a plus de répugnance. Il croit qu'il est né là-dedans. C'est à ce point que nous en sommes.

— Vous êtes dur, monsieur Garoute, trop dur.

— Je suis surtout indigné. Je le suis de plus en plus contre cette profanation grossière qui, croyant nous donner le change, essaie de transformer un intérêt sordide en intérêt général. Que ne nous a-t-on dit franchement que les 10 millions ont été donnés pour payer les feuilles arriérées, pour donner la manne aux amis, aux créatures du pouvoir ? J'aurais préféré cette bravoure cynique dont d'ailleurs, à part les chiffres plus modestes, nous avons quelques exemples dans nos dernières révolutions et pour récompenser ceux qui les ont faites...

— Et les prescriptions de police sur l'indécence, qu'en faites-vous, monsieur Garoute ? Elles punissent encore ceux qui sortent tout nus dans les rues. Cependant l'exposé des motifs de ladite loi d'émission aurait dû vous satisfaire ; il est fort vêtu... de considérants fluides. A travers cette gaze, on voit fort bien le cynisme sans fard que...

Mais M. Garoute sévèrement m'arrêta :

— Il ne faut pas plaisanter. Sans le contrôle, rien de bon ne se fera dans le pays. Tout ira de mal en pis. Je ne comprends pas, moi, comment les gouvernements s'obstinent à ne pas le comprendre.

Je regrettai de voir M. Garoute tourner si subitement au Prudhomme. Je répliquai dans le même ton :

— Le fait est que moins on le comprend, mieux ils s'obstinent. Ils doivent avoir de bons motifs.

— Ah ! nous allons à l'effondrement, cela n'est que trop certain. C'est le servilisme des caractères qui nous tue. Nous sommes des esclaves, tous, tous ! Nous sommes retournés aux temps d'avant l'Indépendance. Quel malheur et quelle honte ! Nous mourrons déshonorés, car c'est être déshonorés que de n'avoir pas créé notre nationalité, de n'avoir pas pu remplir le programme des pères... Malédiction ! Malédiction !

M. Garoute avait quitté sa chaise. Il arpentait maintenant la galerie à pas saccadés. Ses breloques sonnaient longuement, de façon précipitée et burlesque. Il gesticulait, il bredouillait des paroles inintelligibles, véhémentes, dans lesquelles revenait souvent l'exclamation : Malédiction ! Malédiction ! Son chien le suivait, tournant dans tous les sens après lui, à ses talons, aboyant lugubrement, plaintivement aux éclats de sa voix. Il était sans doute habitué de longue date à converser avec son maître, à lui donner ainsi la réplique :

— Oui, tonna celui-ci à la fin, cela ne peut plus, cela ne doit plus durer. Il faut que je sauve Haïti, malgré elle. J'ouvrirai, sans retard, mon parasol rédempteur sur le pays. Ce sera son labarum. A ce geste tous reconnaîtront en moi l'Elu, le Propulseur qui garantira désormais Haïti des orages !

Au moment où M. Garoute vociférait ces phrases détraquées, suivi toujours de son chien qui jappait sans s'arrêter après lui, la fusillade éclata subite et nourrie au Champ-de-Mars: les Giboziens, sans doute, enlevaient d'assaut la position des Saint-Louisiens, à moins que ce ne fût le contraire. Bric-à-Brac s'arrêta, me prit rudement le bras. Solennel, hilarant, il clama de plus belle :

— Hip ! Hip ! Hourra ! Le pays est sauvé ! Entendez-vous ? La révolution vient d'éclater. Elle a balayé le gouvernement. Je n'avais pas désiré un mouvement violent, car je ne suis pas pour la violence. Il n'importe. On va venir indubitablement me chercher. Je vous dis que je suis le Grand Propulseur ! Et vous allez me suivre au Palais national...

Pendant que Bric-à-Brac parlait, je regardai inquiètement le ciel. Son aspect était devenu subitement sinistre, menaçant, tempétueux. Il roulait de lourds nuages gris dans des tourbillons déjà chargés d'humidité. Je réfléchis rapidement que, quelle que fût pour moi l'affection de Bric-à-Brac, il ne consentirait jamais à se dessaisir en ma faveur de son parapluie qui n'était, au fait, qu'un parasol. Sans donc lui répondre, et au surplus un peu mal à l'aise, quoique seul avec lui, d'avoir ouï des paroles aussi séditieuses, je me dégageai vivement de ses mains. Je dégringolai le raidillon et pris une course éperdue. Mais les escadrons volants allaient plus vite que moi. La pluie creva avant que j'eûsse atteint mon logis. Je fus abominablement mouillé, sans avoir même la consolation de savoir bien exactement la pensée de Jean-Chrysostome Garoute sur notre situation.

29 juin.

On a parlé hier toute la journée de l'incident diplomatique des légations allemande et française. Il paraît que le ministre des relations extérieures qui, de l'avis du Conseil, s'était refusé à faire des excuses, s'y est résolu, à la fin : elles n'ont pas été, dit-on, acceptées parce qu'elles ont été estimées trop tardives. Et on a exigé, toujours selon les racontars, que le Président lui-même les fasse. Voilà donc une bagatelle qui aurait pu être facilement réglée au début et qui s'aggrave inopinément.

Le change monte. Hier, il avait fermé à 410 et ce soir il est à 440. Il n'est guère probable que rien, désormais, l'arrête dans son ascension.

30 juin.

Un navire de guerre français est entré vers les onze heures, ce matin, dans la rade. On dit qu'un allemand est attendu d'un instant à l'autre. Pendant que le navire français entrait, des aides de camp galopaient chez les secrétaires d'Etat. Et, à midi, on pouvait voir le landau de la présidence, accompagné d'une vingtaine d'aides de camp, devant la résidence du ministre allemand, après avoir, ledit landau, passé chez son collègue de France. C'étaient, apparemment, les excuses du Président de la République que le Conseil des secrétaires d'Etat leur envoyait ou les priait de venir recevoir au Palais.

30 juin (cinq heures).

Tout est arrangé définitivement, dit-on. Les ministres français et allemand, après les excuses du Président, apportées comme on sait, ont été au palais. Là, on a bu du champagne, on a toasté à l'union, à l'amitié à jamais cimentée entre les trois peuples. Des discours chaleureux ont été prononcés, desquels, malheureusement, nous ne saurons jamais exactement le texte. On le devine et cela suffit. Allons, tant mieux ! Entre gens d'honneur, ces brouilles-là sont sans conséquence. Le nombre, du reste, est fort petit de ceux qui pensent que ces désagréments nous arrivent un peu trop souvent et qu'on devait y veiller. Qu'est-ce qu'un chef d'Etat devrait penser d'un ministre des relations extérieures qui, par manque d'habileté, défaut de doigté, le met en telle humiliante posture ? Heureusement que l'incident avalé, il n'y songe plus. Il y a ici, au surplus, une école florissante qui professe, au nom même de l'honneur national, qu'il est préférable de recevoir les camouflets que de les prévenir.

2 juillet.

En allant en ville, ce matin, un sénateur m'a arrêté pour me dire que le juge Poujol avait rendu l'ordonnance de renvoi devant les tribunaux du ministre de l'intérieur.

— Croyez-vous qu'il sera déposé en prison ? demandai-je.

— Comment voulez-vous que je le sache ? Cela tient à tant de détails, à tant d'atomes crochus ! En tout cas, je suppose que le Président de la République l'appellera pour décider ensemble de cette situation. C'est un collaborateur dévoué, et, s'il l'a gardé jusqu'au dernier moment, c'est qu'il ne lui a jamais retiré sa confiance. Cependant, il aurait été préférable à tous les points de vue, correct surtout, qu'il eût, dès le début, donné sa démission.

— Mais, observa-t-il une minute après, de cette façon il n'y aurait pas eu la *scène à faire*. Tandis qu'elle sera belle ce soir ou demain quand le Président, dépouillant toute considération personnelle, n'écoutant que la voix de la justice et celle du devoir, ordonnera, nouveau Brutus, au ministre incriminé de se rendre en prison. Ah ! les beaux articles qu'on fera là-dessus !

L'après-midi, vers les cinq heures, on est venu m'apprendre que le préfet de police, d'ordre du Président, était allé intimer au ministre de l'intérieur d'avoir à se rendre en prison. Celui-ci s'en était bien gardé. Il avait répondu poliment qu'il le ferait plus tard, sans doute lundi prochain. En attendant, il vaque aux affaires de l'Etat.

Il semble que la version exacte du règlement de l'affaire franco-allemande soit celle-ci : les deux ministres arrivés au Palais dans le landau de la Présidence, entouré des aides de camp, ont été reçus par le chef de l'Etat et tout le Conseil qui les attendaient. Le Président refaisait l'historique de l'affaire, quand le représentant de l'Allemagne l'arrêta en lui disant :

— Nous sommes ici pour recevoir des excuses et non pour autre chose. Déjà, votre ministre des relations extérieures, en voulant donner de l'incident une version à sa façon, nous a fait une nouvelle offense, car c'est ainsi que nous avons considéré sa lettre, qui mettait en doute notre parole. Du reste, c'est lui qui a compliqué une affaire qui n'aurait eu aucune suite si, dès le lendemain, il en avait exprimé ses regrets au lieu de vouloir discuter.

Le Président fit alors les excuses.

On dit que la veille, le ministre de l'intérieur avait prié le Président de finir au plus vite cet incident. Il avait attiré son attention sur l'affaire Luders, arrivée sous le général Sam. Il avait conjuré le chef de l'Etat de ne pas laisser s'envenimer les choses et de ne pas permettre qu'on le mette en une aussi triste posture.

On ajoute que dans le cours de l'entretien, le secrétaire d'Etat aux relations extérieures ayant fait remarquer, comme satisfaction donnée, que les hommes du poste avaient été mis aux fers et le Président ayant enchéri qu'il ferait fusiller leur chef, le ministre allemand répondit :

— Je vous demande, au contraire, de les libérer. Ils n'ont sans doute qu'obéi aux instructions qui leur avaient été données.

Tout cela cependant est bien vague, aucun journal n'ayant osé parler de l'affaire ou y faire même la plus légère allusion. Tant pis donc pour ces gouvernants-hiboux si, mal renseignée, la conscience publique augmente la dose d'amertume de leur calice !

4 juillet.

Il paraît qu'il y a eu une séance assez mouvementée à la Chambre des députés. Le ministre des finances, qu'on y avait appelé pour quelques

10

renseignements sur des ventes d'or, desquelles il résultait que l'Etat avait été frustré de 10,000 gourdes, a répondu qu'il était entouré de corrupteurs, qu'il n'avait trouvé que ça depuis qu'il était aux affaires. Sommé de s'expliquer, il a cité un nom. Finalement, il a fait, en forme de péroraison, un pied-de-nez aux députés. Après, et sans plus, il s'est retiré. La Chambre, que ce geste d'éloquence n'a pas séduit, a voté d'abord que le cabinet tout entier serait interpellé mercredi prochain. Ensuite, elle a censuré le ministre pour être sorti des règles en usage dans nos assemblées parlementaires, où il est toujours pratiqué, on ne l'ignore pas, la plus étroite politesse. Que donnera cette nouvelle affaire ?

5 juillet.

Journée très fertile en cancans. Après le vote de censure, on croyait le ministre des finances à terre. Pas du tout. Il paraît que le Président a décidé de le garder et que les députés seront obligés de retirer leur vote. Il y a maldonne. Ces malheureux députés, il semble qu'ils n'avaient pas consulté le chef ; qu'ils avaient agi avec trop de précipitation, sous leur légitime indignation du bafouillage et de la désinvolture du ministre. Cette précipitation leur a été mauvaise conseillère, puisque, selon le dire des officieux, ils sont obligés de retraiter, ou tout au moins d'accepter les excuses que le censuré voudra bien leur faire demain. C'est ce qu'on prétend, bien entendu. Pourtant, je crois que c'est un jeu dangereux auquel on se livre là : il ne faut pas trop abuser de la patience des Assemblées, de leur servilisme. Les capons révoltés sont parfois téméraires. Enfin, on verra demain.

Cette idée de renvoyer M. Bijou devant la commission d'enquête gagne chaque jour du terrain. Mais celui-ci dit au Président : « Ce n'est pas à moi qu'ils en veulent, c'est à vous. Ils cherchent à vous renverser du pouvoir. C'est une coalition contre vous ! »

Le Président, prétend-on, a convoqué en son Palais les principaux de la Chambre. Il les a menacés de son courroux paternel. Il leur a dit, entre autres bonnes choses, que les agitateurs, quels qu'ils fussent, ne trouveraient jamais grâce devant lui et que c'était à eux de savoir s'ils voulaient être classés dans cette catégorie-là.

Le ministre de l'intérieur qui, affirmait-on, avait reçu l'ordre de se rendre en prison pour son affaire des Consolidés, et qui avait demandé un sursis jusqu'à lundi, a reçu hier toute la journée les honneurs militaires de sa garde, trompettes et clairons compris. Il était au Sénat, ce qui est la preuve qu'il n'est ni démissionnaire, ni en prison.

6 juillet (onze heures).

Une assez grande agitation règne en ville. Les uns affirment que la séance de la Chambre sera sensationnelle. Les autres soutiennent qu'il n'y aura rien, que les ministres auront un vote de confiance. Ceux-ci, à l'appui de leur dire, déclarent que le Président a fait venir les députés ; qu'il leur a observé qu'ils parlaient trop français et que *bon français pas l'esprit.* Qu'ils parlent un peu créole et ils feront de la meilleure besogne. Bref ! il leur a déclaré qu'il gardait son ministère. On a pris, du reste, quelques mesures militaires. A l'hôtel du ministre de l'intérieur, les hommes sont sous les armes. Vers les onze heures, celui-ci sort, entouré d'une fringante escorte, pour se rendre à la Chambre. Une femme, à l'encoignure de la maison en fer, séduite par sa belle allure, *brasse* son châle et dit tout haut : « *Li pa pé tombé ! Yo menti !* » Un *police* est ravi : il confie à ses compagnons de garde que la femme est très forte, qu'elle ne s'est jamais trompée dans ses prédictions. Du reste, on assure que le mandat lancé contre le ministre de l'intérieur a été, d'ordre supérieur, déchiré. Par contre, on soutient que des non-lieu rendus en faveur des fils de l'ex-président Sam et de M. Hérard Roy n'ont pas pu être exécutés, l'autorité supérieure ayant décidé, nonobstant, de les garder en prison. Tout cela demande à être vérifié et n'est peut-être le fait que de la propagande.

Le change fait 420. Il était tombé à 400 avec le vote de censure donné à M. Bijou. Il remonte, la censure menaçant de se transformer en compliment.

6 juillet, soir.

Il n'y a pas eu de séance à la Chambre, faute de majorité ; les interpellateurs eux-mêmes sont restés chez eux. Ils ne sont pas venus. Le peuple aurait dû retenir leurs noms, plus dignes encore de survivre à ceux de leurs collègues. Cela devait tout de même finir ainsi. Triste gouvernement, et plus triste pays encore ! On ne sait plus où l'on va.

Et les 10 millions de papier-monnaie se tripatouillent doucement à la commission d'émission, qui continue à faire le service de la trésorerie. On signe les billets, le ministre les prend, en fait ce qu'il veut. Pas de contrôle, pas d'écriture. C'est simple comme bonjour. Que l'on a été heureux de cette affaire des *consolidards*, où la Banque a été si fautive ! Que l'on a été surtout heureux de son premier refus de signer les 800,000 gourdes de l'emprunt du Centenaire, pour avoir un motif de se passer d'elle, de se passer de son contrôle, qui, tout défectueux qu'il était, en était cependant un ! Aujourd'hui, plus rien. C'est le néant, le chaos. Comme on est joyeux ! comme on rigole ! Comme on bombance, commodément abrité derrière les procès-verbaux de la commission d'enquête qui, chaque semaine, ô ironie douloureuse et fantaisiste ! nous entretient de vertu, de responsabilité, de contrôle....

On considère positivement — et on a raison, vu le dispositif élastique de la loi : pour les besoins du service public — que les 10 millions votés sont un don de joyeux avènement. On n'a pas à en rendre compte. C'est assez que les recettes des douanes, de plus en plus grapillées au passage, restent encore affectées au service courant. La Banque peut continuer à leur appliquer le règlement sur le service de la trésorerie. Mais l'émission est nettement en dehors. C'est un fonds gouvernemental, révolutionnairement accordé et à répartir de même. Le bon public avait pensé pourtant que l'emprunt de 800,000 gourdes du début avait eu cette destination, que le don de joyeux avènement avait été déjà réglé. Il paraît qu'il s'était trompé, que ce n'était qu'un acompte. On ne finit jamais avec ces queues-là. Mais celle-ci, il faut l'avouer, est d'une belle longueur...

Le Président disait hier : « Les députés sont achetés. Je sais par qui. Et je sais le chiffre qu'on a donné à vingt-cinq d'entre eux pour renverser le cabinet. C'est 5,000 dollars par tête. Le but de l'acheteur est d'empêcher le procès des consolidards. »

Les ministres du général Nord lui ont fait accroire ces billevesées. Ils ont en général, et pour mieux le tenir, hypnotisé sa pensée, ils l'ont cristallisée sur ce procès. Les hommes de cet âge ont des marottes, des dadas. Quand ils occupent de hautes situations, les exploiteurs profitent de leurs faiblesses. Tel est le cas actuellement, avec cette circonstance criminelle que ceux-ci souillent, dénaturent, en la mettant au service de leurs passions personnelles, une belle et noble chose : le procès des consolidards. Ce procès est la trouée des Vosges dont ces farceurs jouent avec une maëstria déconcertante au profit de leur lucre et de leurs desseins personnels. Tandis que tout le monde la fixe, — la trouée — ils se croient le droit de tout oser.

Si on pouvait se faire entendre et si le général voulait comprendre, on lui répondrait : « Si l'acheteur dont vous parlez veut empêcher le procès des consolidards, il s'y prend très maladroitement. Au lieu de payer des députés pour renverser le ministère, il devrait plutôt les payer pour le soutenir. »

Mais il n'entendrait pas de cette oreille, puisque son siège est fait.

Le *Moniteur* de mercredi, qui vient de paraître, nous apporte une note de la secrétairerie d'Etat des relations extérieures. Cette note donne enfin la version officielle du règlement de l'incident du 21 juin survenu aux abords du Palais national : MM. Desprez et de Zimmerer, ministres de France et d'Allemagne, escortés par quatre aides de camp et un peloton de cavalerie, ont été reçus en audience officielle par le Président, entouré de tous les membres du gouvernement. Le Président leur a fait ses *excuses personnelles.*

La note est bien rédigée, clairement, sobrement, sans inutilité. Elle dit le nécessaire. On est obligé de le remarquer, quand depuis quelque temps la règle invariable est de nous servir des pièces mal faites, d'un français déplorable, d'un laisser-aller, d'un mauvais goût dont on n'a pas idée. Si on a le temps, et pour s'en convaincre encore une fois, on peut jeter les yeux dans ce même numéro du 6 juillet, sur une circulaire du département de l'agriculture à propos de la plantation du coton. Comment voulez-vous que le coton, s'il a quelque dignité, se développe sous cette prose meurtrière et macaronique ?

9 juillet.

Hier non plus il n'y a pas eu de séance à la Chambre. Aujourd'hui, une certaine agitation règne dans le public : on affirme que les représentants de la France et de l'Allemagne sont allés au Palais demander l'arrestation de tous ceux contre qui des mandats ont été décernés ou la mise en liberté de leurs ressortissants.

M. Dalbémar Jean-Joseph, notre ministre à Paris, est arrivé hier vendredi par New-York. On ne sait pas exactement le but de son voyage. On dit que M. Delcassé l'aurait invité à aller prendre l'air du pays. On dit aussi qu'il est chargé par le siège social de la Banque Nationale de raccommoder les choses avec le gouvernement. Mais on dit, et unanimement, que le voyage d'un tel homme n'est pas pour rien, d'aucuns disent irrévérencieusement n'est pas pour des prunes, qu'il a de grands projets, unification des deux dettes extérieure et intérieure, par exemple, en tête. On a un faible ici pour ces opérations de consolidation et d'unification : c'est une forme sous laquelle le patriotisme aime à se manifester.

Enfin, le voilà ici. S'il pouvait influencer

quelque peu la politique du gouvernement, lui
donner tant soit peu une direction, il aurait au
moins mérité la reconnaissance publique. Mais
le voudra-t-il, car on le sait de peu de combati-
vité en dehors de son centre personnel d'action ?
Et s'il le voulait, le pourrait-il ? Tout le monde
voit l'abîme où nous roulons avec cette instabilité
dans les vues, ce désaccôrd, cette inintelligence,
cette insuffisance des moyens, ce servilisme des
esprits, cet enfantillage sénile qui sont la marque
du régime actuel. Ah ! s'il y avait un homme, à
peu près un homme, dans cet entourage, car il
n'est même pas besoin de quelqu'un de supérieur !
Le plus petit bon sens suffirait.

---

13 juillet.

On fait une propagande active contre le gouvernement. Si on est assez sage pour éviter la
moindre tentative de fait, et par ainsi ne pas lui
donner l'occasion de sévir, on arrivera à l'annuler,
à le tuer à coups de langue, puisqu'il ne peut rien
par lui-même. Il faut dire que la situation est
assez tendue. Ce procès qui n'en finit pas, l'attitude de la Chambre, décidément en bouderie et

refusant de se réunir, cette posture d'un des principaux membres du cabinet, en fonctions et sous
le coup pourtant d'une ordonnance de dépôt du
juge d'instruction, un autre ministre censuré,
cette incertitude, ce tâtonnement qui caractérise
la marche des affaires publiques, tout contribue
à alarmer l'opinion et à favoriser les propagan-
distes : chaque jour ils inventent une nouvelle
histoire.

Ainsi, depuis quelque temps, on dit que l'individu qui avait été chargé de l'achat d'un navire
de guerre pour le compte du gouvernement est
parti avec les fonds, 150,000 ou 200,000 dollars
qu'on lui avait confiés. Ce n'est peut-être pas vrai.
Mais cette façon de donner à un particulier, à
un étranger surtout, sans contrôle, une forte
somme est tellement ridicule, bête ou criminelle,
que cela prête à tous les commentaires. C'était
si facile de faire déposer l'argent dans un établissement financier et de tirer en faveur du cons-
tructeur du navire. Mais non. De même que pour
le papier-monnaie, il faut faire les choses sans
garantie, sans contrôle, secrètement, comme s'il
ne s'agissait que de ses propres affaires, comme
si on n'avait aucun compte à rendre. Cependant,
le plus spirituel de cette affaire-ci, c'est qu'hier

après-midi on a fait courir le bruit qu'on envoie maintenant X... après le fuyard...

Ce bruit qui, apparemment, doit être faux, qui, par la façon d'agir du gouvernement, présente pourtant quelque vraisemblance, suffit à donner l'idée qu'on se fait de l'intelligence du pouvoir : c'est un tohu-bohu où l'extravagance domine.

16 juillet.

Rien n'est comparable à la vie que l'on mène. Ce n'est plus la vie, c'est l'anéantissement lent, sans secousse, fatal. La morte-saison bat son plein. La Chambre ne s'est pas réunie hier. Le payeur du département des finances a, dit-on, *boisé*, ou plutôt on l'a fait *boiser*, à ce qu'on assure, car il savait trop. Les ministres sont à leurs places, plus fermes que jamais. Il n'y a, au reste, que cette fermeté-là dans le gouvernement. Elle sert de programme et on s'y cramponne avec énergie. Sauf là, et en ce point spécial, l'assoupissement est général partout.

Le ministre des finances, pour donner, proclament ses amis, satisfaction à l'opinion publique, a nommé une commission qui attestera que son

administration est des plus régulières, et que le
papier-monnaie a été légalement dépensé. Personne ne s'occupe de cette fantaisie, à juste titre,
il faut ajouter.

De temps en temps, il y a, en haut, un ordre,
puis un contre-ordre qui remet tout en place,
c'est-à-dire dans le tohu-bohu, dans l'anarchie primitive. Cela s'appelle gouverner. Cela doit fatiguer énormément de ne pas savoir ce que l'on
veut. Heureusement que ces gens n'ont pas de
cerveau, pas de pensée, qu'ils vivent au jour le
jour. Ils ne sentent pas la peine et le vide les
soulage. Cependant, quelle gaminerie du destin
d'avoir voulu qu'ils aient à résoudre précisément
les plus grands problèmes qui puissent être posés
à des gouvernants !... Petits hommes, tout petits
hommes, et difficiles, très difficiles complications
administratives et financières. Comment s'en
tirer ? *Beati pauperes spiritu !* Ils s'en tirent en
embrouillant de plus en plus les fils, et en les cassant après, comme des hannetons insconscients
et malfaisants.

On raconte cette anecdote :
A la commission d'émission, le ministre des
finances étant présent, un gros *bois* s'empare, ces

temps derniers, en riant, de deux ou trois cahiers de billets de deux gourdes. Il les met sous son bras et se dirige tranquillement vers la porte :

— *Cila là, cé part moin !* dit-il.

Le ministre court après lui. A demi grondeur, à demi rieur aussi, il essaie de ramener à lui les cahiers que l'autre tient vigoureusement sous l'aisselle. Comme il ne réussit pas, il gesticule avec impatience, se fâche et s'écrie, dans un comique désespoir :

— Ou ouai ! Cé ça moin pas rainmain ! Moin di où tende, mon chai ! Tou où va vini ! Ou a gaté toute bagaille si ou pressé con ça !

L'aventure n'est peut-être pas matériellement vraie. En tout cas, son héros ne démontrerait qu'une chose, à savoir qu'il n'aime pas farder la vérité, qu'il appelle un chat un chat, et qu'il est pour les situations franches. Il n'est pas, on le voit bien, l'homme des faux-fuyants, des demi-mesures. Il pourrait attendre — et c'est ce que le ministre a voulu sans doute exprimer dans son désespoir — qu'un achat de feuilles arriérées, qu'une petite entreprise pour compte de l'Etat, un badigeonnage à la chaux, par exemple, d'un mur quelconque, lui permît de prélever honnêtement sa part. Mais ce serait de l'hypocrisie,

car le résultat serait le même. Il n'est pas hypo-
crite, et il faut l'en louer, puisque l'hypocrisie
est un vice. Il est seulement pressé. Il prend donc
ce qui est à lui, et tout est dit. D'ailleurs, d'autres,
haut placés, n'y mettent pas, à ce qu'il s'est laissé
sans doute conter, plus de cérémonie...

Je me suis posé tout à l'heure cette question :
où vont toutes nos feuilles 1903, et une certaine
quantité de 1902, payées intégralement aux favoris
après qu'ils les eurent achetées à bas prix dans le
commerce ? Sans doute le ministre des finances a
compris que cette émission qui a ruiné le peuple
haïtien, qui l'afflige d'une circulation fiduciaire de
13,000,000 de gourdes, qui nous vaut actuellement
un change de 440 0/0, ne lui a été donnée que pour
retirer au profit de quelques-uns les feuilles
impayées qui flottaient sur le marché et qu'on
pouvait consolider selon l'usage. Mais a-t-il pris
soin de veiller au moins à ce qu'elles ne reparus-
sent pas dans la circulation ? Ne les paiera-t-on
pas une, deux, plusieurs fois encore ? C'est possible, car on ne sait rien, on ne peut rien affirmer
avec une administration qui n'a pour unique programme que l'ombre, le mystère, le mutisme.

On prétend cet après-midi que la Chambre travailera demain avec ou sans majorité. C'est l'ordre auquel elle devra obéir. Du reste, malgré le vote qu'on lui a donné, on affirme que le ministre des finances vient, comme d'habitude, aux divers comités, prendre part à leurs travaux.

En quoi, me demanderez-vous, cette nouvelle de la reprise des séances peut-elle intéresser le peuple ? Cette assemblée ne représente que l'impuissance, le servilisme, la bêtise et la médiocrité. Elle est la cause de tous nos maux. Elle est la Chambre des 10 millions de papier-monnaie. C'est beaucoup de consentir, pour le moment, à ne pas s'occuper d'elle.

------

19 juillet.

Hier, les députés du peuple ont travaillé et leur besogne paraît revêtir, aux yeux du vulgaire, une certaine forme insurrectionnelle : ils ont demandé au ministre de la justice s'il était vrai qu'un des membres du cabinet fût sous le coup d'un mandat d'amener. Ledit ministre a répondu qu'il ne pouvait rien dire, que bien que ce fût affaire de son département et dont il devait être logiquement

imbu, il demandait cependant, vu l'importance de
la question, jusqu'à mercredi pour s'informer.
Mercredi, il apportera ses renseignements à la
Chambre.

Là-dessus, et jugeant la situation grave, elle a
déclaré la permanence, selon l'usage des assemblées qui veulent sauver le peuple. Est-ce que tout
de même cela menacerait de devenir sérieux ?
Ah ! les capons révoltés !... Ou n'est-ce encore
qu'une nouvelle comédie ? On a été si souvent
déçu qu'on est assez sceptique sur ces demi-
gestes.

20 juillet.

Malgré sa permanence, il n'y a pas eu hier de
séance à la Chambre des députés. Nous verrons
aujourd'hui si elle se réunira pour entendre la
réponse du ministre de la justice. On dit qu'il n'y
aura pas encore de majorité.

Le change est à 475,480. On parle du taux de
500 qui aurait été déjà fait... On se sent devenir
féroce, petit à petit, en pensant à ceux qui ont la
responsabilité de cette situation, depuis ceux qui
la créèrent en portant un homme de cet âge, et

un militaire encore, à la présidence, jusqu'à ceux qui l'exploitent indignement et qui nous sucent jusqu'aux os.

Le monde officiel a peut-être tort — ou alors ce pays est bien fini — de ne pas prendre cet état de choses au sérieux. L'heure de rire peut passer. Si les partis étaient sages, s'ils ne commettaient pas l'irrémédiable folie du coup de main, ils auraient probablement, en laissant simplement aller les choses, assez vite raison des gouvernements qui s'abandonnent eux-mêmes : la sagesse, malheureusement, n'est pas ce qui les distingue le plus. Pour l'instant, ils sont tenus en bride par l'affaire dite *De la Consolidation* dont le Président use et abuse pour étiqueter, flétrir la plus légère velléité d'opposition ou d'indépendance.

Les nouvelles viennent, cet après-midi, de ce qui s'est passé à la Chambre.

Le ministre de la justice a demandé de monter à l'étage au-dessus, à huis clos, pour une communication qu'il jugeait compromettante pour la sûreté de l'Etat : là, il a déclaré, dit-on, qu'effectivement une ordonnance avait été rendue contre

un des membres du Cabinet. Ensuite il a donné
l'assurance que dans quelques jours l'ordonnance
aurait son plein et entier effet.

La séance publique ayant été reprise, le député
Beauharnais Jean-François, l'auteur de la question au ministre de la justice, a donné sa démission. Puis il est parti se mettre sous la protection
du pavillon américain.

Voilà. Et c'est de plus en plus drôle.

Quelqu'un disait ces jours passés : « L'avenir
tiendra compte au général Nord d'avoir voulu le
procès des consolidards ».

Oui, sans doute. Mais il ne suffit pas d'avoir
une bonne pensée, il faut encore être de taille à
l'exécuter : pour n'avoir pas cette capacité égale
entre toutes ses parties, le général Nord nous fait
payer cette pensée un peu cher. Je crains aussi
que bien des éléments qui ne devraient pas y
trouver place n'aient été la déterminante, la seule
raison aux yeux de l'exécutant. A croire beaucoup
de gens, la justice à satisfaire, la vertu à restaurer
n'ont jamais été ses réels mobiles. Il y a vu
d'abord la satisfaction de ses rancunes contre les

étrangers et contre quelques adversaires politiques. Puis, il a toujours pensé que les sommes que l'on pourrait faire restituer seraient une excellente aubaine pour lui, qu'elles seraient une sorte de trésor personnel, à sa disposition propre, non pas pour le fourrer dans sa poche, mais pour en disposer au gré de l'arbitraire gouvernemental. Il n'y a vu que cela. Et ce qui le prouve bien, c'est que tout le reste, toute l'administration pour ainsi dire, a disparu totalement à ses regards devant ce mirage. Il a été hypnotisé par son terrible cauchemar. Et au moindre accroc, à la moindre contradiction, à la plus légère critique d'un fait quelconque, il se gendarme et classe l'individu coupable de complicité avec les consolidards. Tous ceux qui osent ne pas penser comme lui, en quelque matière que ce soit, sont suspects de pactiser avec eux. Par contre, et naturellement, on peut tout se permettre, tout entreprendre contre les finances publiques, tout gaspiller, tout gâcher en caressant son dada favori. On comprend de cette façon la pourriture qu'est devenu l'État sous un gouvernement dont le chef précisément affichait la prétention de nous guérir des pourritures.

Le général Nord n'avait jamais su — comment pourrait-il le savoir ? et à son âge, même s'il l'avait su, comment pourrait-il avoir la volonté de le pratiquer ? — qu'il ne faut pas séparer l'action sociale de la défense gouvernementale. Plus on lutte contre les forces du passé, plus on est dans l'obligation de poursuivre également, et en même temps que les démolitions, les reconstructions. Elles sont la justification de votre œuvre. Le chaos ne dénonce pas le chaos. Et s'il l'ose dans son impudence, c'est toujours sans profit pour la morale publique. Cette pensée n'est pas de moi. Elle est du plus simple bon sens.

Le général Nord ne pouvait faire efficacement le procès du Passé : il est le Passé en personne. Le hasard inconscient seul a mis en ses mains d'aveugle un instrument merveilleux dont il se sert sans réflexion, et instinctivement. Parfois l'instrument, par sa vertu personnelle, accomplit quelques miracles. Il ne faut pas demander davantage.

Voici une réflexion de Hou-ang-Su qui est bonne à rappeler, bien que nous n'ayons plus rien à apprendre sous ce rapport, grâce à nos expériences multipliées : « Les lois internationales ne valent qu'entre peuples également armés. Entre le fort et le faible, elles ne comptent pas. »

Nos ministres des relations extérieures et nos représentants à l'étranger ont, avec raison, en horreur cette doctrine qui est trop terre-à-terre. Leur patriotisme leur fait un devoir de cette horreur. Le maintien dans leurs charges leur en fait l'obligation.

Je n'ai jamais entendu parler davantage qu'en ce moment de patriotisme et de vertu. Jamais, il est vrai, je n'ai plus vu en douter. Les vicieux, les traîtres au pays invoquent tous l'intérêt général. C'est de ce sentiment, paravent de leur effronterie, qu'ils croient couvrir leurs turpitudes. Et ils ont l'air, ma parole, d'être persuadés que nous sommes leurs dupes.

---

23 juillet.

Aujourd'hui, à trois heures environ de l'après-midi, l'affaire du ministre de l'intérieur a eu son dénouement : le juge de paix, appuyé de forces suffisantes, est allé lui signifier l'ordonnance rendue contre lui. Mais le ministre était déjà parti par les derrières de sa maison. On a fouillé un peu à l'intérieur, puis on a fermé les portes, enfin congédié la garde qui, une minute avant, donnait du clairon et présentait les armes. Elle a défilé avec ses macoutes, ses nattes, et le *cadre* de l'officier. Ainsi finissent les gloires de chez nous.

24 juillet.

Aujourd'hui, au Palais, le Président, entouré de ses ministres, dans son audience dominicale, sur la galerie du premier étage, a manifesté son étonnement qu'on soit alié arrêter le ministre de l'intérieur sans l'avertir.

— On n'avait pas besoin de le faire, a répliqué le ministre de la justice. C'est un mandat d'arrêt, régulièrement rendu. La force publique était tenue de l'exécuter.

— Mais je suis le Président d'Haïti. Je devais être averti. Qui met la force publique en mouvement, si ce n'est moi ?

— Non, pas la force publique, mais la force armée. Nous n'avons appelé que la force publique.

— Et si on avait résisté ? Voyez l'événement qui aurait pu en découler. Il y aurait eu du désordre. N'ayant pas été prévenu, je n'aurais pas pu prendre des mesures pour le conjurer ou tout au moins des dispositions pour le faire cesser.

— Si on avait résisté, la force publique en aurait appelé alors à la force armée, au commandant de l'arrondissement. Nécessairement, vous eussiez été averti.

Ce colloque s'est continué ainsi durant quelques minutes. L'impression était que le Président et son ministre s'accordaient pour faire accroire au public que le chef de l'Etat n'avait pas été averti de l'arrestation qu'on projetait. Il paraît qu'à deux reprises, ce samedi-là, le général Nord donnait l'assurance formelle à son ministre de l'intérieur qu'il ne serait pas inquiété, que le mandat était dans sa poche et qu'il n'en sortirait pas. Le ministre venait donc de rentrer chez lui, confiant dans cette promesse. Heureusemenet qu'un parent courut le prévenir que le détachement et le juge de paix arrivaient. Il n'eut que tout juste le temps de quitter sa demeure.

Il faut signaler ce discours du Président de la République et rendre hommage aux nobles sentiments qui y sont exprimés. Le voici tel qu'il fut prononcé à l'audience du 17 juillet, et tel qu'il est reproduit par les journaux :

« Messieurs,

« Depuis quelques jours, on se plaît à agiter une question qui n'a d'autre but que de nous désunir. On dit — et cela vient en droite ligne de l'étranger — que le gouvernement actuel est un gouvernement de mulâtres.

« Eh bien, je suis cependant nègre et aussi mulâtre et griffe, tout ce que vous voulez. Car mes sentiments, croyez-le, ne peuvent pas résider dans une mesquine question de préjugé.

« Que m'importe qu'un homme soit blanc ou noir ! Je ne cherche qu'une chose en mes concitoyens : c'est l'honnêteté.

« J'ai été élevé par un père qui était un honnête homme et je croirais manquer à sa mémoire le jour où j'oublierais les sentiments qui ont animé l'auteur de mes jours. L'homme pauvre, mais probe et honnête, est plus digne mille fois que ces richards assassins qui ont dévalisé ce pauvre peuple, et ont créé la situation actuelle de la République.

« Cette situation est grave ; aussi il faut le concours de toutes les bonnes volontés pour aider le gouvernement à sortir le pays de l'impasse.

« Et il ne se peut pas que, parce que moi, nègre, je réclame ce que vous, blanc, vous m'avez frauduleusement soustrait, vous fassiez planer sur ma tête les plus lâches suspicions. Car, je suis fermement décidé à ne toujours protéger que les gens honnêtes. Je suis tranquille avec ma conscience qui ne me reproche rien. Un jour viendra où tout sera mis au grand jour.

« Je ne cesserai donc jamais de faire appel à tous, afin que l'œuvre soit celle du pays tout entier, dont tous les enfants doivent être étroitement unis. »

25 juillet.

J'ai eu une conversation avec un employé supérieur du ministère des finances qui m'a dépeint sous les couleurs les plus navrantes la situation actuelle du département :

— Les dépenses, me dit-il, dépassent 900,000

gourdes par mois. De toute l'émission, il ne reste
environ que 3 millions, de quoi aller au plus à
novembre ou décembre. On parle de demander
après une émission complémentaire de 7 millions.
Les 100,000 gourdes de nickel sont toutes arri-
vées ; mais il y a 50,000 gourdes qui, au commis-
sariat, sont aux ordres du Président. Malgré la
rareté de la petite monnaie, il est défendu d'y tou-
cher. On a payé toutes les feuilles arriérées de
1903. Elles sont déposées au ministère des finances, estampillées, dit-on. Ne les repassera-t-on
pas ? Question douteuse. En attendant, on affirme
qu'il a été payé une forte partie de 1902 à l'aide
d'une petite opération qui a consisté à changer le
2 en 3. Il n'y a plus de comptabilité, mais plus
du tout de compabilité dans nos finances. On a
considéré les 10 millions d'émission comme une
recette extraordinaire et dont on n'avait pas à
rendre compte. Il n'y a pas eu d'ordonnancement.
On puise là-dedans comme les Turcs riches au
temps de Bajazet puisaient dans le coffre où ils
mettaient leur argent. Actuellement, le coffre est
la commission parlementaire. Les sorties de fonds
tranquillement vont au Palais ou ailleurs, selon
la fantaisie du moment. Quand il n'y en aura
plus, on ira aux Chambres. Un gouvernement

ne doit pas vivre sans argent, n'est-ce pas ? C'est la théorie favorite, à la mode. C'est la maxime fondamentale. Elle a permis au ministre de proclamer qu'il s'est affranchi à jamais, qu'il a délivré à jamais son pays de l'esclavage des banquiers. La nation, grâce à la doctrine, emprunte maintenant sur elle-même, sur son propre crédit. Elle peut emprunter ainsi indéfiniment. Plus de rebuffades à endurer, plus d'intérêts exorbitants à payer, plus de conversions draconiennes en or à subir, plus de cassement de tête pour trouver des affectations aux emprunts ! C'est le crédit illimité, idéal. Vive donc le papier-monnaie ! Vive l'abondance ! Vive le gouvernement inébranlable, reposant sur l'armée payée, fidèle, sur les favoris gorgés, repus ! »

Et ce fonctionnaire, continuant sa récrimination, ajouta :

— Tout cela est bien séduisant, pour les intéressés, s'entend. Or, la toute-puissance des baïonnettes, si elle produit généralement la peur, ne donne pas la banane et les objets de première nécessité à bon marché. Le peuple continue donc plus que jamais à avoir faim. Ce n'est pas la poule au pot, c'est le petit-salé, c'est la morue qu'il ne peut plus mettre dans la marmite. Il souffre, pitoyable, timide, ayant peur et le ventre creux. Jamais, dans aucune de ses détresses antérieures, ces deux éléments ne s'étaient si étroitement associés... Et il y a des gens qui ne cessent de lui assurer que son sort est digne d'envie, que surtout l'affaire des *consolidards* devait suffire à alimenter son ventre... ! Ce peuple, décidément, paraît difficile à nourrir, puisqu'il ne veut pas les croire !... Cependant, le Président de la République, tandis que ses fonctionnaires sont payés en papier déprécié, ce qui les réduit à la portion congrue, exige que ses 2,000 gourdes d'indemnité mensuelle, en dépit de la hausse du change, lui soient comptées en or. Cela lui fait ainsi de 11 à 12,000 gourdes, qu'il touche chaque mois sur ce seul chapitre. Il est riche, partant au-dessus du besoin. Il a quatre-vingt-sept ans, partant d'un âge où l'homme n'a plus guère de besoins. N'importe, il consomme sans scrupule cet acte que nul, avant ces dernières années, n'osa, même aux heures les plus prospères de nos finances. Il prend des deux mains, âprement, sur ce peuple mourant d'inanition... Et l'exemple de Louis XIV envoyant, dans la détresse populaire, sa vaisselle d'argent à la Monnaie, n'est pas à imiter par ce chef d'Etat républicain et nonagénaire ! »

Ce fonctionnaire est assurément un révolutionnaire, et il ferait bien de ne pas tenir ces propos à un autre qu'à moi.

------

27 juillet.

Le ministre C. Bijou a été chargé par intérim du portefeuille de l'intérieur. Il a fait à cheval ce matin sa tournée en ville, suivi de son état-major. Par contre, on l'attendait, dit-on, à la Chambre où il n'est pas allé, les députés étant résolus à lever la séance aussitôt son apparition. On lui prête que cela lui est égal, et que si les députés n'ont pas besoin de lui, il n'a aucunement besoin d'eux. Il gardera donc la maison.

Il y a dans le journal *Le Moment* un article très sévère contre le cabinet et spécialement contre ledit ministre Bijou. A propos d'un rapport à son département, fait par une commission nommée par lui, et qui établit qu'en sept mois — du 26

décembre 1903 au 16 juillet 1904 — il a dépensé,
en dehors des recettes ordinaires de l'importation, la somme de 4,437,248 gourdes sur l'émission de papier-monnaie, le journal *Le Moment*
déclare qu'il faut qu'il en rende compte. « On ne
peut impunément, dit-il, jongler avec la fortune
publique et trahir la confiance du chef de l'Etat. »

Ce sont les termes consacrés.

28 juillet.

Ce matin le change a débuté à 515, pour finir
dans l'après-midi à 535. La petite monnaie est
introuvable : 40 0/0 le nickel, 50 0/0 l'argent. Le
ministre Bijou, chargé de l'intérieur, a fait une
tournée en ville, suivi d'un certain nombre d'officiers de police. Il a pris un air martial, s'est muni
d'un coco-macaque et s'est commandé ces jours
derniers, dit-on, de grandes bottes à l'écuyère
qu'il portera à la parade de dimanche prochain.
Il déploie beaucoup d'énergie contre ses adversaires personnels, qu'il qualifie d'ennemis de l'ordre public. Sous cette rubrique, il a fait arrêter
l'administrateur et les distributeurs du journal *Le
Moment*. Le rédacteur en chef étant déjà en pri-

son, il a recommandé, affirme-t-on, qu'on le fer-
rât sévèrement. Et l'imprimeur aussi a senti le
besoin, toujours à ce qu'on dit, de *boiser* à la
campagne jusqu'à ce que la colère du vindicatif
homme d'Etat soit calmée.

Il faut avouer que ce qui se passe est matière
à réflexions, et à réflexions douloureuses. Jamais
ce pays ne s'est senti moins gouverné et n'a eu
plus besoin de l'être.

Un ministre est en fuite, sous le coup d'un
mandat de justice. Il est remplacé par ce simple
énoncé du *Moniteur* : « Le ministre des finances,
M. C. Bijou, est chargé par intérim du portefeuille de l'intérieur. » Ce même ministre des
finances ne peut pas se présenter à la Chambre,
ni même au Sénat. En ville, dans toutes les villes, au dire de ses adversaires, il est impopulaire,
taxé d'ignorance, de mauvaise foi, de gaspillage.
Le cabinet tout entier partage sa mauvaise réputation. Mais le Président le défend, le maintient,
ou tout au moins louvoie, tergiverse, ne sait s'arrêter à aucun parti, tantôt veut, tantôt ne veut
pas, recule, avance, perd la tête, croit tromper
tout le monde et ne trompe que lui-même... Le
plus grand malaise règne dans toutes les classes. Qui aurait réfléchi, hier principalement, sur

la physionomie de Port-au-Prince ne pourrait s'empêcher de la trouver singulière. La ville est anéantie, sans mouvement, la vie s'est retirée d'elle. Elle est plongée dans une tristesse morne. Elle semble n'être plus habitée que par des ombres ! Les magasins sont vides. Leurs propriétaires parlent de fermer. Plusieurs boulangeries ont clos leurs portes, ne pouvant, malgré qu'elles rapetissent chaque jour leur *forme* de pain, arriver à joindre les deux bouts, la farine étant trop chère. Le reste menace de faire de même.

Ah ! puisse-t-il ne pas couver autre chose sous cette tristesse et ce désespoir !

---

29 juillet.

Ce matin la cuisinière est remontée avec le papier-monnaie qu'on lui donne la veille au soir en descendant pour faire son marché le matin : elle n'a pu trouver nulle part à changer les billets contre des *cobs* ou des pièces métalliques. Généralement elle paie une prime pour cela. Ce matin, on ne trouve à aucun prix à faire l'échange. Elle n'a pu rien acheter, en dehors de la viande.

En descendant en ville, j'ai trouvé qu'elle avait une physionomie de plus en plus extraordinaire. C'est peut-être le temps brumeux, menaçant qu'il fait, qui lui donne cet air-là. Dans tous les cas, tout le monde paraît agité, inquiet. On s'entretient du change qui, vers midi, est à 560. On parle aussi de l'absolue disparition de la petite monnaie. C'est une panique véritable dans les magasins du *bord-de-mer*. Chacun fait les plus tristes conjectures sur l'avenir, sur cette morte-saison qui, on le voit bien, sera épouvantable. Il paraît même que la peur ne retient, n'enchaîne plus les langues. On ne s'exalte pas encore tout haut, mais on commence à murmurer, à se plaindre, à plaindre ce pauvre pays si indignement traité, si misérablement gouverné. Je crains bien que les mal-intentionnés n'exploitent ce mécontement populaire, n'exploitent cette misère affreuse qui étreint tout le monde, et n'attirent sur nous de nouvelles catastrophes, rien que dans le but de faire leurs affaires, de servir leur propre intérêt.

La vérité est que dans les familles, même aisées, on souffre énormément. Tout est si cher ! Il n'y a que les privilégiés qui ont des rentes en or — grâce à ceux qui ont donné le coup final à ce

malheureux pays en changeant sa dette intérieure, qui était en papier, en dollar américain !
— qui peuvent se tirer d'affaire. Mais nous autres
propriétaires, rentiers ou commerçants, nous
mourons de faim. Ah ! ce n'est pas d'aovir volé
le Trésor public que j'accuse la Banque et ses
complices ! C'est d'avoir eu cette infernale pensée de la consolidation en or. Notre dette intérieure en papier-monnaie devait rester telle quelle
tout le temps que notre système financier n'aurait
pas été changé. Sa conversion en or devrait se
faire simultanément avec le retrait de notre papier-
monnaie. Les banquiers, qui étaient les gros porteurs de la Dette, devaient rester jusqu'à la fin
intéressés au sort du papier-monnaie. Il ne fallait
pas les en détacher. Que de fois, sous Hippolyte,
la Banque ne me fit-elle pas la proposition de la
convertir en or ! Je repoussais toujours ces propositions par la question préalable : Aidez-nous à
nous débarrasser de notre papier-monnaie
d'abord !

Il est vrai aussi que la cause réelle de cette
misère — qui, depuis que la République existe,
est au fond notre *curriculum vitæ* — provient
de ce que nous ne travaillons pas assez, absorbés
que nous avons toujours été par la politique. Les

citoyens d'Athènes agissaient à peu près comme nous : ils ne travaillaient guère et étaient toute la journée à la place publique pérorant, discutant, renversant leurs tyrans qu'ils remplaçaient par d'autres plus tyrans encore. Cependant, ils avaient des esclaves qui travaillaient les plaines de l'Attique durant ce temps-là. Mais c'était l'antiquité et nous l'oublions trop. Descendants d'esclaves, esclaves nous-mêmes, il semble que nous eussions été aises d'en avoir à notre tour. Pourquoi, au lieu de les tuer, Dessalines, en 1804, n'a-t-il pas condamné les *blancs* vaincus à être nos ilotes ? Cette solution n'eût pas été la plus mauvaise.

———

31 juillet.

Dans tous les pays du globe, le sentiment de la gloire, même lorsqu'il fait courir les plus grands dangers, est assez puissant pour agir sur les âmes, en plus ou moins grand nombre, selon les circonstances. Il n'est pas à rechercher si ce sentiment existe, ou même est soupçonné d'exister ici. C'est totalement inconnu. Et on peut, sans crier au phénomène, expliquer fort bien cette absence complète d'une aptitude, qui ordinairement se rencontre chez tous les peuples à peu près civilisés, par la pestilence sociale où nous vivons habituellement. La gloire suppose nécessairement la croyance à la postérité, à la survie des actes. Qui pense à cela ? Des fous peut-être, et cette variété de fous ne se rencontre pas chez nous.

Ce sens de la gloire nous manque parce que nous avons laissé totalement envahir notre esprit, le champ où les générations se nourrissent, par une seule, une unique plante : le servilisme. C'est la plus mauvaise herbe qui soit. Aucune n'est aussi pénétrante, aussi contagieuse, aussi accapareuse. Bien vite elle a su détruire toutes les pousses, tous les germes utiles à la floraison de l'âme. Sous son ombre mortelle, ils se sont d'abord étiolés, puis ont disparu complètement. Maintenant la maudite plante, en sa fatale puissance, en son triomphe ignominieux, en son accaparement du domaine national, rayonne sur la surface de notre pays. Plus rien n'existe autour d'elle qui ne soit de sa lignée et de sa race. Elle a stérilisé notre terre où il semble que ne puissent pousser que ses affreux rejetons.

L'intérêt général ! le sacrifice de soi ! la belle satisfaction de soutenir une opinion, une idée ! A quoi bon se dévouer à ces abstractions ? Qui s'en occupe ? Qui soupçonne que cela a pu jamais exister dans le pays ? A quoi cela rime-t-il ? Et de quel profit votre emprisonnement, votre exil, votre mort seraient-ils à la chose publique ? On rirait. Vous n'auriez même pas sur votre tombe le laurier vert dont parle le poète. Au fait, ce serait juste, car ni votre emprisonnement, ni votre exil, ni votre mort ne seraient, en réalité, que pour votre ambition personnelle et non pour la chose publique.

Gouvernés en dépit du bon sens par une bande d'individus sans foi, sans moralité, sans intelligence, nous devons encore chaque jour crier : « Gloire à nos sauveurs ! » Nous souffrons. Il est mérité que nous devons souffrir. Le change a fait hier 600, la petite monnaie 100 0/0, le nickel 50 0/0. C'est là le dynamomètre de notre bassesse et de notre misère. Il est loin, hélas ! d'avoir dit son dernier mot.

Ah ! quel crève-cœur quand on songe à ce que nous aurions pu être ! Nous avions tout ce qu'il fallait pour être un petit peuple honorable, heureux dans le travail et dans la paix. Nous sommes la plus malheureuse, la plus méprisable de toutes les nations. Il n'y a plus personne de sensé qui ne

doute de l'avenir, plus personne qui n'appréhende
que bientôt nous ne recevions le châtiment de nos
crimes, de nos folies, de notre stupidité... Dans
une feuille de chou qui chante chaque semaine la
gloire du gouvernement et celle de M. Bijou, son
prophète, on lit que le nouveau ministre américain à Santo-Domingo, qui a passé dernièrement
ici escorté de trois navires de guerre, a fait arbo-
rer le pavillon étoilé sur plusieurs douanes de la
Dominicanie. Que de signes avant-coureurs de
notre propre catastrophe ! Et pourtant le cœur dit,
et pourtant la foi invincible murmure qu'on peut
tenter encore quelque chose... Si la nation voulait, si les bons citoyens, enfin éclairés par l'évidence, se ressaisissant, prenaient la résolution de
ne plus confier leurs destinées aux intrigants, aux
incapables, sous l'égide des militaires ignorants !
Mais nous avons toujours fait de la mauvaise
besogne et nous continuerons... Cependant, en
interrogeant l'histoire, nous aurions appris que,
même dans le passé, les soldats qui étaient à la
tête des nations étaient des intellectuels :
Alexandre était élève d'Aristote et César un grand
historien. Au temps présent, il n'y a que chez
nous où les chefs d'Etat sachent à demi lire et
écrire.

Nègres et mulâtres, nous sommes bien coupables ! Il ne saura vraiment à qui décerner la palme quand, méditant sur nos ruines, l'annaliste un jour cherchera à établir les responsabilités. Car dans cette course à notre propre catastrophe, nous avons montré tous deux la même farouche énergie et une égale conviction... Et plus tard, quand la fin sera définitivement venue, cette palme à décerner servira encore à alimenter nos éternelles divisions. Nous épiloguerons indéfiniment sur les causes de la défaite. N'ayant pas su nous unir pour vivre comme nation, nous ne cesserons de nous chamailler sur le cadavre de la morte que nous n'aurons jamais tant aimée qu'alors. Mais tout cela se passera en bavardages impuissants, et nous ne pourrons plus ni nous fusiller, ni nous massacrer, ni nous exiler, car le *gendarme*, gardien de l'ordre, le gendarme que nous aurons rendu fatal, sera là...

---

2 août.

Aujourd'hui, vers les huit heures du matin, il y a eu un grand *couri*. Tous les magasins se sont fermés. Les *Syriens* ont été maltraités par les soldats qui les accusent, dit-on, d'accaparer la mon-

naie et de faire la hausse des marchandises. On
dit que ces soldats, qui appartiennent à la garnison
du Palais et font partie du 30ᵉ régiment, les *flancs
rouges* comme on les appelle, parce qu'ils ont le
baudrier rouge, ont été envoyés exprès pour commettre ces désordres. La police arrivée sur les
lieux a eu toutes les peines du monde à les arrêter. Un peu plus, une fusillade meurtrière aurait
éclaté, car les soldats, d'abord sans armes, sont
revenus avec leurs fusils. Bref, on en a été quitte
pour quelques figures écrasées, quelques têtes
cassées à coups de coco-macaque ou à coups de
pierres.

Le reste de la journée a été fort triste. On fait
les plus sombres réflexions sur l'avenir. On appréhende aussi la journée de demain, laquelle, à en
croire certaines gens, sera grosse d'événements,
la Chambre étant décidée d'en finir avec M. Bijou
et son ministère. On parle de sa mise en accusation. On parle de violences préméditées contre les
députés pour les terroriser et les empêcher de
délibérer.

3 août.

Le Président en voiture, précédé du ministre de
l'intérieur, M. C. Bijou, à cheval, a fait vers les
neuf heures du matin une grande tournée en ville.

Il était entouré d'un nombreux état-major et suivi d'une foule de militaires, brandissant des *coco-macaques*, et criant : « Où sont-ils ? Donnez-les nous. A bas les Syriens ! A bas les négociants qui font la hausse ! *Na caba race yo !* »

Le Président envoyait des poignées de petite monnaie à la populace.

Cette tournée a été vivement commentée. Elle n'a pas fait bon effet que je sache. Des Syriens ont été encore assaillis. Les craintes sont générales. On dit que les ministres étrangers ont réclamé par câblogramme des navires de guerre : ils ne font, du reste, qu'aller et venir dans nos eaux. Tout cela finira fort mal aussi pour les négociants haïtiens : on commence par les Syriens, on finira par eux. La propriété est très exposée dès l'instant qu'on en appelle à la soldatesque brutale.

Plus que jamais on continue à commenter le discours du Président qui, paraît-il, dimanche passé, aurait déclaré que les étrangers, par leurs agissements, l'obligeraient à descendre dans les rues et à faire un 1804. Ce sont ses conseillers, décidés à tout pour conserver leurs places, qui le poussent à ces excès de langage. Quand le change hausse, quand les Chambres menacent d'interpeller les ministres, quand le peuple crie de faim, quand la monnaie de nickel fait 50 0/0 et la petite monnaie d'argent 130 0/0, ils n'ont qu'à lui dire que c'est l'œuvre des amis des *consolidards* qui paient les députés pour faire de l'opposition et pour affamer la nation. Alors le Président tempête, menace. Le mal empire, car c'est de ses propres mains qu'il détruit la confiance. En vérité, je me demande maintenant, et de plus en plus, s'il n'y a pas dans l'entourage quelques malins qui sont intéressés à rendre le procès de la Banque impossible.

Quelque extravagant que soit ce bruit, je suis forcé de l'enregistrer parce qu'il prend chaque jour plus de consistance : on affirme qu'une solution prompte interviendrait dans l'affaire des consolidards. Elle consisterait dans leur mise en liberté sous la condition écrite qu'ils ne feraient aucune réclamation diplomatique. C'est tellement extravagant que je n'hésite pas à qualifier ce bruit de calomnieux. Mais les gens vous disent qu'il y a un tas de choses qui lui donnent quelque créance, par exemple la complicité dans l'affaire de très gros personnages qu'on ne peut pas arrêter. Que sais-je ? Mais tout cela est faux. Si le

gouvernement entrait dans cette voie après tout ce
qu'il a fait, il ne vivrait pas vingt-quatre heures.
Il n'y aurait aucune raison pour qu'il vive.

———

La Chambre s'est réunie ce matin. Le ministre
des travaux publics est venu lire un projet de loi
pour son collègue des finances qui, ayant été censuré, comme vous savez, ne peut plus se présenter dans l'Assemblée. Mais elle a, par un vote
solennel, refusé d'écouter le ministre des travaux
publics. Et un orateur lui a dit que tout le cabinet, s'il avait quelque dignité, aurait dû se retirer,
car il n'avait plus la confiance du pays. Le ministre a répondu que puisqu'il en était ainsi il ne
persisterait pas à se faire écouter, mais que c'était
une offense grave que la Chambre faisait à la
signature du Président, laquelle, en même temps
que celle de son collègue des finances, se trouvait
au bas de la pièce. Il est donc parti avec son
papier.

Tels sont les détails succincts qu'on me donne
ce soir sur la séance.

———

Le ministre des finances chargé du portefeuille de l'intérieur et, dit- on, de celui de la guerre dont le titulaire est couché depuis quinze jours, entrant à la commission de l'émission, a fait mettre en prison le factionnaire qui ne lui avait pas rendu les honneurs : il tient au salut militaire. Mais en sortant il a fait emprisonner aussi le citoyen Vieux qui, fort poliment, l'avait salué : il repousse le salut des civils... Que comprendre ?... A moins pourtant que ce ne soit là une fâcheuse réminiscence de Tacite, lequel affirme que sous Séjan le rire ou les pleurs, la parole ou le silence, saluer ou ne pas saluer, tout pouvait être défavorablement commenté selon l'humeur du moment.

Je viens de lire, et je vous conseille d'en faire autant, le beau discours prononcé le 31 mai dernier à la séance du Sénat par le sénateur Michel Oreste. Vous le trouverez dans le *Moniteur* du 20 juillet 1904. C'est de l'éloquence antique. Cette harangue-là rappelle les illustres jours d'Athènes et de Rome : elle mériterait d'être prononcée au Forum ou à l'Agora de Périclès. La salle des délibérations de notre Sénat ne lui convient guère.

Non pas qu'elle soit trop petite comme étendue, mais elle manque vraiment d'envergure sous le rapport des âmes...

L'ironie, l'émotion, la dialectique vengeresse, foudroyante, tout se trouve dans ce beau discours: Je ne lui vois pas une tache. Et quand l'orateur trace, d'un crayon inoubliable et qu'on serait jaloux de mériter, le portrait de son collègue, chassé de son siège avant la fin de son mandat, en dépit du texte formel de la Constitution, quand il adjure l'Assemblée de ne pas sanctionner une telle illégalité, un noble frisson vous passe dans les veines... On croit entendre quelque Fox, égaré sur nos rives, invoquer la Justice et la Loi devant un Parlement anglais. Hélas ! où est-il notre Parlement anglais ? Le nôtre ne songe qu'à « éviter les conflits », avoue-t-il ingénûment. Avec cette humilité-là on enterre la Constitution, on enterre la patrie, on s'enterre soi-même. N'importe, lisez le discours du sénateur Michel Oreste. Voyez-le secouant le pli de sa toge sur l'Assemblée, en prenant congé d'elle, à la consommation de l'illégalité qu'il dénonce. Cela, quoique empreint de grande tristesse, réconforte quand même. Et c'est toujours du bel art.

———

4 août.

Ce matin, on avait commencé à bâtonner et à maltraiter quelques *Syriens*. On menaçait de piller leurs magasins. Ils avaient grand'peur et beaucoup s'étaient réfugiés à la légation américaine. Peu après, on a vu le général commandant l'arrondissement, le ministre des Etats-Unis, M. Powel et son secrétaire, M. Batist, faire ensemble une tournée dans les quartiers menacés. Le général de l'arrondissement déclarait à haute voix, sur tout le parcours, qu'il ferait fusiller le premier individu qui lancerait seulement une pierre contre un magasin. Les Syriens, rassurés, ont rouvert leurs établissements.

On a trouvé assez étrange cette tournée en voiture du général et du ministre américain. On pense que le général pouvait tout seul assurer l'ordre et on voit dans cette intervention étrangère quelque chose qui chatouille le patriotisme. Mais on dit que les soldats trouvent encore plus étrange qu'on menace de les fusiller aujourd'hui quand hier on les laissait faire et qu'ils pouvaient proférer toutes les menaces de mort, derrière la voiture du Président, contre les Syriens.

Le numéro de ce jour de l'*Echo de la République* — triste écho ! — dit : « Le petit groupe qui existe vraiment à la Chambre est surveillé de près. Il ne faut pas qu'on perde de vue que l'arrondissement de Port-au-Prince est toujours en état de siège et que la loi, dans ce cas-là, ne met pas à l'abri de la répression la cocarde de député. »

Il y a aussi, dans ce même numéro, un discours du Président dans lequel il déclare « qu'il n'a pas conspiré pour arriver au poste difficile qu'il occupe ; qu'il y est de par la volonté du peuple ; qu'il sait que l'on conspire en ce moment contre le gouvernement, et que le seul motif de la conspiration est qu'on n'est pas content de voir traquer ceux qui ont pris l'argent de la communauté.

« Je ne sais pas, conclut Son Excellence, où s'arrêtera mon énergie dans la répression d'une guerre civile. *Et je ne réponds pas de ceux qui me sont désignés comme les provocateurs de cette conspiration.* »

Ces derniers mots sont en italiques dans le journal. Ils sont bien graves, si on veut réfléchir à la multitude de conseillers qui entourent le gouvernement. Ils sont tous jaloux de signaler leur puissance, de marquer leur influence au détriment les uns des autres. Et que d'innocents sont peut-être, à l'heure où j'écris ces lignes, *désignés* au chef ! Car, observait Machiavel, « il n'y a point de tyrannie plus effrénée que celle des petits tyrans. » Heureusement qu'avant lui Cicéron nous avait enseigné *que la terreur n'est que le mentor d'un jour.* Mais, grands dieux ! de combien de jours ce jour-là peut-il être fait pour notre pauvre pays ! Ne dure-t-il pas, au reste, depuis près d'un siècle ?

———

Un de nos plus grands courtisans, doté déjà d'une très belle situation dans l'Etat, mais qui, quand il avait laissé passer une heure sans grapiller soit une commande, soit un paiement de feuilles arriérées, s'écrie comme Titus : *Diem perdidi !* confiait récemment à un ami que le Président avait depuis quelque temps des conversations singulières... Des réminiscences étranges, des citations inattendues lui venaient souvent. Sans cesse, il invoquait l'histoire, et dans l'histoire les personnages surtout de Néron, de Caracalla, de Caligula, de Commode. Mais il défigurait un peu leurs noms. Il appelait, par exemple,

Incommode le dernier, ce qui n'était pas trop mal comme trait d'esprit présidentiel. Caracalla devenait Carabāna, qui n'est qu'une eau médicamenteuse célèbre... Il confondait aussi quelque peu les peuples et les époques, donnant à Athènes ce qui était à Rome. et mettant de nos jours ce qui s'était accompli il y a nombre de siècles.

Brusquement, continuait l'intéressé, en pleine discussion d'affaires, il suspendait tout pour discourir abondamment sur un sujet historique quelconque. Surpris, ses auditeurs, n'osant rien hasarder, se taisaient. Alors il réclamait avec force quelque dictionnaire pour les convaincre et se faire lire de copieuses dissertations. On ne l'avait jamais ainsi connu. Il surprenait énormément son entourage. Qu'était-ce que ce prurit scientifique à tort et à travers ? Caligula, Commode, Caracalla, Héliogabale !... Pouvait-on seulement soupçonner qu'il savait même ces noms-là ? Cette marotte annonçait-elle le détraquement ? Et ce cerveau qui, en dépit de l'âge, en dépit du milieu où il avait évolué, paraissait d'aplomb, était-il en train de perdre son équilibre ?

Le courtisan était perplexe pour sa place, pour les journées lucratives auxquelles il était accoutumé, pour les responsabilités de l'avenir, mais

nullement pour le pauvre Président. En conclusion, il ajoutait :

« Au fait, n'est-ce peut-être là qu'un hommage
indirect, rendu par un homme qui ne fut jamais
que soldat, aux choses de l'esprit ? Ce ne serait
pas si ridicule, surtout si on songe qu'au Palais
national un de nos chefs militaires, dédaignant
de s'exprimer en créole, a pu s'écrier en latin :
« *Ego sum* ! » et traduire : « Sommes *égaux* » !

Je me défie de ce courtisan. L'espèce à laquelle
il appartient se rattrape parfois au dehors de tout
ce qu'elle n'hésite pas à débiter au Palais. Dif-
famer le maître est alors sa façon de détendre
l'échine pliée.

6 août.

Il semble qu'il y avait un fond de vérité dans
le bruit qui avait couru de la mise en liberté prochaine des conslidards. Voici, paraît-il, ce qui
est arrivé : les intéressés, c'est-à-dire la Banque,
les avocats des inculpés et leurs amis ou parents,
sous prétexte de régler toutes les difficultés que
le procès suscitait, avaient combiné de proposer
au Président de proclamer une amnistie générale,

immédiate, sous la garantie que les prisonniers ne feraient aucune réclamation au pays. On avait eu l'air de craindre que cela ne fût très difficile d'amener les étrangers incarcérés à souscrire à cet arrangement. Il y avait eu des allées, des venues. Les ministres étrangers s'étaient occupés de la solution et avaient déclaré qu'ils ne voulaient pas demander cela à leurs nationaux. Un avocat célèbre s'en était chargé. Il était revenu las, exténué des luttes, de l'obstination qu'il avait eues à vaincre : ces messieurs voulaient quand même être jugés ! Mais enfin il avait triomphé. On avait fait cela pour lui. On était alors revenu au Président qui, bien circonvenu, bien chapitré, habilement exploité, surtout dans sa peine de voir un de ses ministres sous le coup d'un mandat d'arrêt, allait signer l'amnistie... A ce moment, heureusement pour lui, heureusement pour le pays, M. Bijou, le ministre des finances, était survenu. Il avait retourné le Président, il lui avait montré le piège où il allait tomber. Celui-ci s'était ressaisi et avait déclaré qu'il fusillerait le premier individu qui viendrait lui parler encore de mettre les consolidards en liberté.

Si véritablement M. Bijou a fait cela, je suis d'avis qu'on lui remette beaucoup de ses péchés.

Il a été bien inspiré. Que ce soit ressentiment contre ses adversaires, ou clairvoyance politique, il mérite d'être loué. Et je le loue d'avoir agi ainsi. Il a mérité de son pays et de la confiance de son chef. Il faut vraiment être fou, ou le plus fieffé des coquins, pour songer à *amnistier* des inculpés avant leur jugement. Après la condamnation, oui, car ils sont sûrs d'être condamnés. Mais avant le jugement, c'est de la démence ou de la friponnerie. Et si le gouvernement avait suivi un tel conseil, il aurait fallu souhaiter, malgré toute l'horreur qu'on doit professer pour les coups de force, son renversement dans les vingt-quatre heures.

Quel malheur que l'on ne sache jamais exactement où l'on en est avec nos gouvernants !

Le pain de 10 centimes est si petit depuis quelques jours qu'il peut à peine boucher, selon l'expression populaire, un trou de dent. La mantègue de 10 livres fait 9 gourdes, le beurre de 5 livres 10 gourdes, la kérosine inflammable de 5 gallons huit gourdes, le sucre américain 70 centimes la livre. Bien que le change soit monté ces jours passés à 600 0/0, ce sont des prix de famine. On

calcule en prévision d'une plus forte hausse. Tout
a augmenté de même dans les petites industries
du pays, et, parfois, dans des proportions absolument exagérées. Ainsi, au mois de mars encore,
le transport par cabrouet de planches ou maté-
riaux divers se payait une gourde. Aujourd'hui, il
fait quatre gourdes. Pour le pauvre rentier qui
n'a que ses maisons pour vivre, c'est la ruine,
c'est la famine, que ce renchérissement de toutes
choses. Car la *halle*, qui, il y a trois ans, se louait
deux cents dollars, reste souvent fermée à 100
gourdes-papier, ce qui ne fait pas même 15 dollars ! Il en est de même des fonctionnaires. Ces
deux catégories de citoyens ne mangent pas
souvent à leur appétit.

---

8 août.

Depuis samedi, une baisse subite, formidable,
a commencé dans le change : de 600, il est tombé
aujourd'hui à 400. On dit que le directeur de la
Banque, M. Van Wyck, amené par un familier du
Palais au Président, lui a promis la baisse à bref
délai s'il mettait en vente les 85,000 dollars de
l'impôt pour le papier-monnaie. Le Président lui

a donné carte blanche. Il a mis d'abord en vente
à 500 0/0, et ainsi de suite, jusqu'à 400. En même
temps, pour accentuer la panique, on faisait
courir le bruit que le papier-monnaie qui est à la
commission et le solde de l'émission qui doit
arriver resteraient bloqués à la Banque. Enfin, on
est à 400 0/0. Mais cela ne durera pas. On sera
ballotté par la spéculation, et le petit commerce
achèvera de se ruiner. Comment fera-t-il, d'ailleurs, pour acquitter tous les livrables et payables
dont on l'a bourré à 600, 650 et 700 ? Hélas !
Hélas !... Cependant, par sa démarche près du
Président, par cette vente d'or en dehors des prescriptions de la loi, qui exige qu'on vende au taux
du jour, la Banque assume la responsabilité de
la baisse ; quand le change montera, il faudra
s'adresser à elle.

Plus que jamais, c'est toujours la confusion et
la ruine. Il était si simple au ministre des finances
de déclarer, aussitôt que le change avait monté à
500, que l'Etat allait intervenir, qu'il allait mettre
en vente tout d'un coup, en bloc, ses 85,000
dollars... Cette simple déclaration aurait empêché
les malheureux de courir au suicide. Mais attendons la fin.

13 *août soir.*

On est venu me dire — car je ne suis pas descendu en ville aujourd'hui — que l'on parle beaucoup de l'arrestation de Boisrond-Canal et de plusieurs autres personnes réputées canalistes. On dit que le général Carrié, commandant de l'arrondissement, est menacé dans sa situation. C'est bien dommage, car c'est un officier habile, qui me semble dévoué au gouvernement, et ennemi du désordre. La société avait des garanties avec lui. Et par qui, si ce bruit n'est pas faux, serait-il remplacé ? On aura tout à perdre au changement, très probablement. On parle aussi de retirer le commandement de la place Reignier. Bref, c'est une hécatombe de ceux qui sont soupçonnés subir l'influence de Boisrond-Canal. C'est, dit-on, la suite de l'affaire Candelon Rigaud, aux Gonaïves. On affirme qu'on a saisi des lettres qui établissent une vaste trame. A propos de C. Rigaud, on assure qu'il a été pris au moment où, déguisé, il essayait de se sauver.

Nous ne finirons donc jamais, avec les événements comiques ou tragiques ? A peine sorti d'une affaire, on retombe dans une autre. Tout cela tient à ce qu'on gouverne mal et que beaucoup de personnes, sans doute, ayant peur de l'avenir incertain que le gouvernement ménage au pays, essaient de se garer.

Pour ce qui est de Boisrond-Canal, il me semble qu'on ne songe pas sérieusement à l'emprisonner, car on n'en parlerait pas autant. On veut simplement le porter à s'en aller, persuadé, ce qui est vrai, qu'il sera absolument sans influence au dehors. Ici, on appréhende que, si quelque éventualité se présentait, il ne trouve dans ses partisans l'occasion et le moyen de prendre encore une fois la direction des événements. En exil, il sera complètement annihilé, au milieu des trois partis, — firministes, sénéquistes, fourchardistes — qui lui en veulent tous. Enfin, pour ce motif ou pour d'autres, le but me paraît de le forcer à s'exiler, sans songer à l'arrêter... Nous verrons bien !

On affirme que, depuis quelques soirs, on tire des coups de feu au bois Verna. On dirait qu'il y a vraiment quelque agitation dans certains groupes. La propagande a repris. Quelques-uns disent que les tables tournantes, consultées, ont prédit la fin du gouvernement pour le 21 décembre. Il est vrai qu'elles ont été sollicitées de parler par la femme d'un consolidard ; elles lui ont annoncé, et c'était l'essentiel, la libération de son mari pour la même date.

On assure aussi que dans certains magasins — ceux des Syriens, dit-on — il y a un mot de passe, un sésame précieux. Quand on vous a fait le prix d'un article, on n'a qu'à se baisser à l'oreille du vendeur, et lui murmurer : « *Vive Firmin !* » Immédiatement, il vous déduit 50 0/0 sur le prix de la marchandise. Avant longtemps, il arrivera sans doute à la donner pour rien. Voilà les niaiseries qui se débitent. Elles démontrent qu'une certaine excitation règne et que, sans doute, les Syriens, qui ont été presque tous reconnus Américains et quelques-uns Français, ne pardonnent pas au gouvernement de les avoir pourchassés dernièrement, comme vous savez.

Cet après-midi, on a arrêté, mis au secret et aux fers, le général X.... Le public est très étonné de cette arrestation, car le général était très bien vu au Palais, et le ministre Bijou montait tous les jours son cheval.

14 août.

Il y a eu audience au Palais ce dimanche. Mais c'est le ministre de la guerre qui, après en avoir demandé la permission au Président, a entretenu l'auditoire. Il a déclaré que l'on disait qu'une prise d'armes devait avoir lieu demain, lundi 15 août ; qu'une bombe devait être lancée dans la voiture du Président... Quand il a appris cela, quoique malade et au lit, il est sorti pour venir au Palais... Il déclare à tout le monde que si un seul coup de feu était tiré, il y aurait à Port-au-Prince un exemple dont on se souviendrait jusque dans les âges futurs.

La ville disparaîtrait, elle serait incendiée, saccagée, on n'en trouverait plus trace. Quant à la population, il faudrait envoyer à la Gonave chercher une paire de monstres (*sic*) pour la repeupler. Voilà le discours tel qu'on le raconte.

Le Président, entouré de son état-major, carabine au poing, escorté de nombreuses troupes, a fait une tournée générale en ville et a visité les quartiers du Morne-à-Tuf et du Bel-Air.

Le discours du ministre de la guerre a produit une grande sensation.

————

16 *août.*

L'affaire des Gonaïves est toujours sur le tapis. On affirme maintenant que Candelon Rigaud est en prison ainsi qu'un fils du général Carrié. Un télégraphiste a été jugé aujourd'hui ici par la Cour martiale. C'est lui, dit-on, qui avait envoyé le télégramme disant que la ville des Gonaïves se reposait sur le général Carrié pour maintenir l'ordre et se ralliait à lui, car il semble que le complot partait de ce malentendu qu'on croyait le gouvernement à terre, ou presque, et que, dans cette occurrence, on prenait ses précautions pour l'avenir. Mais le gouvernement n'a pas voulu qu'on l'enterrât de cette façon et il agit. On parle donc plus que jamais d'arrêter ou de faire partir Boisrond-Canal, tous les Canal, Baussan, Carrié, et autres.

L'affaire d'un général arrêté récemment est d'espèce opposée et bien différente : on l'accuse, lui, d'avoir voulu corrompre le chef de l'Etat. Il paraît que, ayant cru que la libération des consolidards était prochaine par la fameuse amnistie constitutionnelle, il s'était introduit dans l'opération. Il allait au *bord de la mer* faisant la propagrande de l'idée, affirmant de façon entendue que cela finirait bientôt. C'était pour se faire donner de l'argent par les accusés ou par leurs parents, car il assurait qu'il était puissant près du général Nord, près de sa femme, qu'il avait ses entrées à toute heure dans leur chambre, et qu'enfin le concours des *alentours* coûtait cher. Quand la chose fut à point, il alla trouver le général et lui insinua que les consolidards, pour être libérés, donneraient une grosse somme, et que c'était justice. Le Président le laissa parler sans l'interrompre, peut-être même sur 'e moment ne comprit-il pas bien où il voulait en venir. L'affaire ayant définitivement raté, le général Nord menaçant de faire fusiller le premier qui lui parlerait de libérer les consolidards se souvint alors, ou lui fît-on souvenir, du négociateur en question. Il prit ses propositions pour une tentative de corruption. Il donna l'ordre de l'emprisonner et le recommanda de façon spéciale.

On mit le condamné dans le cachot sinistre, qui est une basse fosse d'où l'on ne revient guère, appelé : *to boute*. Cette expression créole signifie

que, qui que vous soyez, arrogant, fier, superbe,
ce cachot a vite raison de vous : *to boute !* C'est
le secret, les fers, la vermine rongeuse, dans
l'humidité fétide, dans la nuit, sans jamais le
plus petit brin de jour. Vous êtes candidat à la
mort lente avec toutes ses plus belles chances de
jouir et d'apprécier pleinement la souffrance.

---

17 *août.*

Je suis plusieurs fois revenu dans ces notes
sur l'inutilité de la vie que l'on mène présentement ici. Demain, quand ces temps auront passé
— c'est-à-dire quand cette génération, quand plusieurs générations auront disparu — je suis convaincu qu'on y pensera avec horreur et qu'on se
demandera : « Comment a-t-on pu vivre ainsi ? »
La pensée est radicalement abolie. L'intellec-
tualité est morte. L'intrigue, la bassesse, tout ce
qui est petit, mauvais, méchant règne en souverain. C'est une abomination de voir l'homme descendu à ce degré, de voir cette Haïti, qui a été
si bas, plus bas encore descendue, descendue si
bas qu'il semble qu'il ne lui reste plus aucun
degré à descendre... Et pourtant, à bien exami-

ner, elle descendra encore plus bas dans l'avenir.

La commission d'enquête a terminé son travail, ainsi qu'on sait, depuis plusieurs jours. Son rapport sur les titres roses va paraître samedi. Le *Nouvelliste* nous apprend aujourd'hui qu'elle est appelée à investiguer sur les opérations de l'emprunt de 1896... C'est fort bien, et je crois que bien des irrégularités, pour ne pas dire davantage, y seront relevées. Mais pourquoi faut-il que ce soit l'envie surtout de salir un candidat à la présidence, l'ancien ministre Fouchard, dit-on, plutôt que la passion du bien public qui ait fait prendre cette détermination ? C'est que précisément on n'a pas la passion du bien public et qu'on a toutes les autres passions...

———

18 août.

On dit que l'on va signer une convention financière avec la Banque. Le moment me semble bien mal choisi. On est resté trop de mois brouillé avec elle pour se rapatrier juste au moment où le procès va s'engager. Ne craint-on pas que le public n'y voit l'absolution de ses méfaits ou qu'elle n'introduise même dans l'acte une petite clause qui lui permette demain de prétendre à la répudiation de ses responsabilités civiles ? On doit être prudent avec elle. Elle a fait venir de Paris un avocat qui la conseille, et il faut se méfier.

A propos de la Banque, les intéressés observent que les consolidés, jusqu'à cette date de la morte-saison, donnent des intérêts, tandis que dans l'ancienne administration, dès le mois de mai, toute répartition avait cessé. De là à dire qu'on gardait l'argent pour tripoter, ou se faire payer des intérêts antidatés, il n'y avait qu'un pas, et on l'a lestement franchi.

19 août.

La Chambre, à l'unanimité, à la suite de la lecture du rapport sur les comptes généraux, a mis en accusation le ministre des finances. On en parlait, mais on ne s'y attendait pas.

Le voilà donc en accusation. On va voir comment cela se déroulera. Le public, à tort ou à raison, signale un tas de méfaits à sa charge. Ainsi, on dit qu'il aurait payé, sur la demande d'un tiers au bras long, à une maison de la place, la somme de 30,000 dollars — quelques-uns prétendent que ce n'est que 30,000 gourdes — pour des soi-disant consignations faites à des négociants de Petit-Goâve et qui auraient été incendiées lors de la catastrophe de cette ville. Les réclamations n'ont jamais été produites à la commission mixte ; elles ont été réglées de la main à la main entre intéressés. On les dit absolument fausses, quelque chose comme un *djob* à l'usage de gros *bois*.

Ceux qui racontent l'affaire disent la tenir du chef d'une légation qui aurait salué publiquement l'intéressé partant pour l'Europe de cette phrase :

— Vous êtes heureux, vous ! Vous n'avez pas passé par une commission, et vous êtes payé !

A quoi l'intéressé aurait répondu :

— On s'arrange comme on peut.

20 août.

Il paraît que le Président a déclaré nulle et non avenue la mise en accusation de M. Bijou. Il lui a ordonné de rester ferme à son poste et de ne se préoccuper de rien. Du reste, objecte-t-il, constitutionnellement, le vote ne vaut rien, car il n'y avait pas de majorité quand il a été donné. Le Président fait la police de la Chambre.

M. Bijou a donc exécuté sa tournée en ville ce matin, comme ministre de l'intérieur. C'est, dit-il, comme ministre des finances que j'ai eu le vote et je sors comme ministre de l'intérieur.

Hier, pour obtenir le quorum de la Chambre et statuer sur les conclusions du rapport de la commission des comptes généraux, il paraît que le président de l'Assemblée avait été obligé de déclarer aux députés — qui, jusqu'à midi et demi, n'étaient pas en majorité — qu'il allait de la dignité même du corps de travailler parce qu'il se répétait qu'une transaction, opérée à l'aide d'argent, devait amener l'infirmation.

M. Larencul, l'auteur de la proposition de mise en accusation, fut aussi obligé de donner à ses collègues l'assurance que « le grand vieillard ne pouvait couvrir de sa haute personnalité — nullement en cause — un ministre des finances trouvé en faute, fût-il doublé d'une ministre de l'intérieur ». (*Le Nouvelliste*, numéro du 20 août.)

Ainsi raffermis, les députés ont voté. Voilà maintenant qu'on leur affirme qu'ils n'étaient pas en majorité. Que vont-ils faire ? Quelle impasse !...

Car, enfin, ils semblent admettre que l'exécutif
sait mieux qu'eux quand ils sont en majorité ou
non.

22 août.

Ce matin, au Palais, en présence du Président,
il y a eu une altercation violente entre le ministre
des finances et le député Benoît, à propos de la
mse en accusation votée par la Chambre. On en est
presque venu aux mains, car les deux personnages ont marché l'un sur l'autre les poings levés.
On les a séparés, à l'appel du Président. Le général Carrié, qui était présent à la scène, estimant
que le ministre était plus que le député, a voulu
faire conduire ce dernier en prison. Mais le Président l'a fait relâcher.

La Chambre a travaillé aujourd'hui. Elle a noti-
fié au Pouvoir Exécutif et au Sénat la mise en
accusation de M. Bijou.

Jusqu'ici, le *Moniteur* est muet sur la prolon-
gation des Chambres. Le décret voté par elles,
expédié au Pouvoir Exécutif pour être promulgué,
ne l'a pas été jusqu'à ce jour, le ministre de l'intérieur déclarant à qui veut l'entendre qu'il ne le
serait pas.

L'Echo de la République du 20 août est particulièrement fulminant. Il injurie les députés dans la bonne mesure. « La Chambre, dit-il, vient de donner une nouvelle preuve de son parti pris, de son aveuglement, de sa passion, en décrétant la mise en accusation du secrétaire d'Etat aux finances. La mauvaise foi et l'intérêt politique qui préside à tous les actes de ce corps constitué uniquement, dirait-on, pour créer des embarras au gouvernement... Tout le monde sait que ce n'est pas M. Bijou qu'on veut atteindre. Il y a une plus haute personnalité qui est la cible de ces attaques injustifiées. *Qu'on prenne garde. Il ne fait pas toujours bon de jouer avec le feu.* »

Le rapport sur les titres roses, qui clôt le travail de la commission d'enquête, a paru dans le *Moniteur* du 20 août. On disait qu'il serait très substantiel, très sensationnel. Il n'est ni l'un ni l'autre. Il se contente de reproduire des extraits de ses interrogatoires et considérations antérieurs et il ne révèle aucun nom nouveau. Ainsi tombent les bruits qu'on faisait courir sur bien des personnalités qu'on affirmait devoir être visées dans ledit rapport. Il conclut fort sagement que « les ordonnances, contre-bons, feuilles d'appointements, etc., échangés contre récépissés déli-

vrés par les commissions instituées par le gouvernement et qui ont été acceptées par ces commissions, ont été pour les porteurs de nos fonds
publics, régulièrement et légalement consolidés. »

---

26 août.

Les jours s'écoulent. Il n'y a rien de saillant.
La Chambre des députés investigue sur le cas
du ministre des finances, décrété d'accusation. On
a nommé une commission devant laquelle il lui
a été intimé l'ordre de comparaître. Les autres
ministres, ses prédécesseurs aux finances, ont fait
publier des lettres aux sénateurs et aux députés,
dans lesquelles ils regrettent qu'avant de leur
refuser la décharge on n'ait pas pensé à les interroger.

En attendant, M. Bijou remplit les deux offices
de ministre des finances et de ministre de l'intérieur. On dit parfois qu'il n'a plus la signature.
Mais rien n'est moins prouvé. Les uns disent oui,
les autres disent non. Le public ne sait à quoi
s'en tenir, car les pièces signées sont assez rares,
l'administration marchant sur avis verbaux et
feuilles volantes. Il n'y a que l'intimé à qui cela

soit parfaitement indifférent. Il va au palais, il assiste au conseil, sans se soucier aucunement de ses adversaires, ni de ses concurrents, qui, déjà, se partagent sa place : le Président le couvre et n'entend pas qu'il démissionne. Il est cent fois par jour démissionnaire et toujours plus solide que jamais. En attendant, le commerce a salué sa mise en accusation par une petite baisse : le change fait 430.

Le *Nouvelliste* du 25 août, dans sa chronique parlementaire, imprime : « Le député Wiss demande l'intervertissement de l'ordre du jour. Il lit un vif exposé de motifs où il signale la science, le courage, mêlés aux patriotiques efforts de la commission d'enquête, afin de mener à bien l'œuvre dont elle est chargée. Il dépose à la suite un projet de loi sollicitant 6,000 dollars qui seraient payés à chaque membre de cette commission à titre de récompense nationale. Il en réclame l'urgence.

« Le député Roland se lève et combat l'urgence. Du même coup, il s'inscrit contre le principe de la loi. Il ne comprend pas qu'un député ait pu faire une semblable proposition... Voici que, pour répondre aux services publics, la nation est obligée de battre papier-monnaie, les indemnités des luttes fratricides sont à payer et une énorme dépense nous est demandée.

« Le député Wiss vient répliquer. Il n'a rien sollicité d'exagéré, s'il faut faire rentrer dans 'a balance les haines, les jalousies, les mécomptes que les membres de la commission d'enquête ont assumés. Ils ont surmonté les obstacles sans la moindre défaillance et aujourd'hui la République peut espérer encaisser 206,000 dollars et est déchargée de 3 millions.

« Les Etats les plus civilisés, conclut-il, ont donné l'exemple : l'Angleterre, après la guerre du Transvaal, a récompensé lord Roberts, le roi des Belges augmente sa liste civile dans le but unique de récompenser des citoyens de mérite. Le général Salomon, qui n'était pas un cerveau vide, une tête négligeable, a accepté une récompense nationale, etc., etc.

« La Chambre n'accepte pas l'urgence, le projet, passant par les filières réglementaires, est soumis à la commission des finances. »

La gloire ne suffit donc pas à la commission d'enquête. Le malheur est que, dans notre état présent, il n'y a que cette monnaie, dont, raisonnablement, nous pourrions ne pas être avares.

27 août.

Le *Journal*, de Paris, imprime ce qui suit, dans son numéro du 3 août :

« New-York, 2 août. — On télégraphie de Port-au-Prince : Le général Nord, Président de la République d'Haïti, a, au cours d'une réception publique, accusé les étrangers de hausser le taux du change et le prix des marchandises dans le but de renverser le gouvernement.

« Il a déclaré qu'il prendrait des mesures rigoureuses pour y remédier, et il a fait allusion, en termes menaçants, aux événements qui se sont déroulés à Haïti, en 1804.

« La colonie étrangère est remplie d'alarmes. »

Propos d'un favori du régime :

— Décidément, le pays est à la paix. Le gouvernement du général Nord mériterait vingt fois qu'on prît les armes contre lui. On ne l'a pas fait et on est tranquille partout. Décidément, le peuple est las de révolutions.

— Cela est vrai, lui répond le brave homme timide à qui il s'adressait. Cependant, il ne faudrait pas trop s'y fier, et surtout il ne faudrait pas exploiter, pour persister à mal faire, cette mansuétude du peuple.

L'autre réplique en souriant :

—C'est là une idée de mécontent, mon cher.

---

30 août.

La commission de la Chambre, sur la mise en accusation des ministres, continue ses investigations. Le ministre Bijou avait récusé deux de ses membres, les députés Sterlin et Oriol, mais la Chambre les a maintenus. La garde qui veillait à sa porte a été retirée de chez le ministre et le public a appris de cette façon — car, comme de coutume, il n'y a pas eu de note officielle — qu'il n'était plus chargé de l'intérieur, que c'était maintenant le ministre de la guerre qui en avait l'intérim. De la même façon aussi, sans aucun communiqué, le public a appris que M. Bijou n'avait plus la signature des finances, que c'était son collègue Ferrère qui était chargé de ce département. Le Président ne paraît pas plus disposé que cela à changer ou à reformer son cabinet. Mille combinaisons circulent chaque jour. Ne parlons pas des intrigues qui se forment au Palais, dans l'entourage. C'est inimaginable. On n'a jamais vu une telle situation. Généralement, les chefs d'Etat se dépêchent de combler le provisoire. Le général Nord s'y plaît, s'y complaît, et plus ce provisoire déborde, s'élargit à ses côtés, plus il semble content.

---

31 août.

Il y avait foule aujourd'hui au tribunal de cassation. Le pourvoi des consolidards contre leur renvoi devant les tribunaux ordinaires se plaide. Les débats sont assez ternes, dit-on. L'intérêt des avocats n'est que de gagner du temps en soulevant cette exception, car ils n'auraient pas manqué de crier, si leurs clients avaient été renvoyés devant la Haute-Cour, que c'était un procès politique, et ils se seraient pourvus de même contre ce renvoi. Il semble donc qu'il y ait plus de garantie d'une bonne justice, et en une question où tant d'intérêts divers sont mêlés, dans la loi interprétative récemment votée, qui renvoie les accusés devant les tribunaux ordinaires. Cependant, la passion complique et dénature tout.

Ce qui est regrettable plus qu'on ne peut dire, c'est que la liberté de la presse n'existe pas. Elle est de plus en plus proscrite. Il n'est donc pas permis de discuter, ou simplement de commenter. Et c'est triste, c'est douloureux, quand de si graves intérêts sont en jeu...

Un des mille conseilleurs et donneurs d'avis du gouvernement disait ce matin qu'il avait été décidé que le général Nord ne changerait son ministère qu'au départ des Chambres. Il ne veut pas avoir l'air d'avoir subi leur pression. Qu'est-ce que cela peut faire au public ? Il n'y a que les naïfs — et, sur ce point, il n'y en a guère chez nous — pour croire qu'un changement d'hommes changerait notre détestable administration, qui ne tient pas seulement au gouvernement actuel, mais qui est le principe même de notre existence nationale. Beaucoup affirment même qu'au départ des Chambres il rappellera simplement M. Bijou.

Le donneur de conseils disait que c'était confidentiellement qu'il dévoilait ce grand secret politique, car, ajoutait-il, si les banquiers savaient cela, cela pourrait faire monter le change. Mais comme il parlait devant des courtiers, on a vite supposé qu'il était à la hausse, qu'il voulait vendre, car, tous nos donneurs de conseils, tous ceux qui ont l'oreille du Palais, tripotent sur le papier-monnaie, jouent à la hausse et à la baisse. Toute la politique se résume pour eux en une question de spéculation sur le change.

1er septembre.

Les débats au tribunal de cassation sont clos sur le pourvoi formé par les *consolidards* contre l'ordonnance qui les renvoie par-devant le tribunal criminel ; ils réclamaient, on le sait, le Sénat. Ils avaient d'autres moyens de cassation, mais c'était le principal. Les opinions sont très partagées là-dessus, en dépit même de la loi inter-prétative du Corps législatif, qui établit que l'article 119 de la Constitution n'a trait qu'aux secrétaires d'Etat en fonctions.

Mon opinion est que le Corps législatif est dans la vérité. Je sais bien qu'il y a des arrêts du tribunal de cassation contraires à cette façon de voir. Mais que peuvent les arrêts d'un tribunal, fût-il de cassation, contre le texte et l'esprit formels de la Constitution ? On n'a qu'à lire toute la section II, « *Des Secrétaires d'Etat* », très attentivement pour voir que dans l'intention du législateur il ne s'agit que des secrétaires d'Etat en exercice. Et, en analysant spécialement l'article 119, il ne saurait non plus rester le moindre doute. Les mots « *commis dans l'exercice de leurs fonctions* », sur lesquels on ergote tant, ont une valeur délimitative. Ils signifient simplement : à propos de l'exercice de leurs fonctions, en tant qu'ils agissent comme secrétaires d'Etat.

Ce qui vient, du reste, sans réplique, corroborer cette opinion, c'est le premier alinéa de l'article 119 :

« Le Sénat ne peut prononcer d'autres peines que celle de la destitution et de la privation du droit d'exercer toute fonction publique pendant un an au moins et cinq ans au plus. »

On ne saurait comprendre qu'il s'agisse d'anciens secrétaires d'Etat. Ils ne peuvent être destitués, n'étant plus en fonctions, et cette privation de l'exercice de toute fonction publique durant quelque temps serait bien platonique, car ils s'attendent généralement, après avoir été ministres, à ne pas le redevenir avant quelques années. Ils s'y résignent assez facilement. Mais on comprend que la privation du droit d'exercer aucune fonction publique, dans le cas des ministres en charge, soit le corollaire de la destitution. Ce n'est plus alors une peine platonique, mais efficace et supplétive.

On lit dans le *Nouvelliste* du samedi 3 septembre :

« Des 10 millions votés, fait observer le député Larencul, il ne reste que 4 millions, lesquels figurent au budget comme recettes extraordinaires du gouvernement... »

Ceci explique le chiffre fantastique du budget des dépenses présenté par le ministre. Il y a des gens qui nous disent que le gouvernement veut entrer dans la voie des économies, que le reste de l'émission devra être bloqué à la Banque, et patati, patata... Cependant, le gouvernement a déposé son budget des dépenses et celui de ses recettes. Il est porté le solde de l'émission dans ce dernier, soit 4 millions qui vont être dépensés concurremment avec les recettes grossies de l'exercice. Et si encore on se tenait à ce chiffre de probabilités trop larges et de recette extraordinaire ! Mais il sera dépassé, c'est certain. Et comment fera-t-on, l'année prochaine, avec un nouveau gros budget ? On aura une nouvelle recette extraordinaire, c'est-à-dire émission ou nickel. Il eût été cent fois préférable qu'il n'y eût pas de budget. Cela peut-être aurait permis à un ministre des finances d'essayer de ne pas mettre en circulation la totalité des 4 millions de papier, de lutter pour obtenir de ses collègues qu'on se tienne à peu près dans les limites des recettes prévues. Mais avec un budget ainsi gonflé, ce n'est plus possible. Il faudra marcher, il faudra dépenser, il faudra gaspiller, puisque ce gaspillage figure régulièrement aux dépenses de la République. C'est, sans doute, ce que les meneurs actuels ont compris. Ils n'ont pas voulu qu'il y eût un cabinet nouveau qui aurait pu fixer quelques règles, un frein à l'appétit gouvernemental. Si ce cabinet arrive, ce sera après la fermeture des Chambres, quand le mal aura été fait, consolidé, régularisé législativement. L'avenir est jugulé.

L'année prochaine donc, budgétairement, il y aura 13 milions de papier en circulation. Et, pour l'exercice prochain, comme il faudra continuer dans les gros budgets, on sera obligé de créer encore des recettes extraordinaires, cela jusqu'à la consommation. Et comme la situation économique du pays aura naturellement empiré, vous voyez d'ici où nous en serons...

Cependant, durant que le mal empire, devient incurable, personne ne peut exprimer son avis, personne ne peut discuter, en vue d'un essai d'amélioration, cette lamentable situation. Ce serait bien profitable, cependant, à tout le monde et au pouvoir lui-même. Songez qu'à la moindre, je ne dis pas critique, mais à la moindre allusion à tout cela, on dit de suite que vous voulez faire monter le change, que vous conspirez contre le gouvernement : l'emprisonnement, les fers, la bastonnade, la fusillade, vous risquez tous ces ennuis. Et sans profit pour le pays, car on pourra peut-être déplorer votre imprudence, mais personne ne songera à vous imiter, à élever la voix pour protester contre ces attentats sur votre personne et sur votre liberté.

Quelle est la cause de cette situation qui, en somme, existe depuis qu'Haïti existe ? C'est le régime militaire. Il nous faudrait quelques Catons pour crier chaque matin ce nouveau *delenda Carthago* : Détruisez ce néfaste, ce stupide, ce ridicule régime militaire !

Et dans notre Constitution il faudrait introduire cet alinéa : « Nul ne peut être Président de là République s'il est général. — C'est le contraire qui, depuis notre naissance, malheureusement prévaut sous cette forme irréductible : *Nul, s'il n'est général, ne peut être Président d'Haïti !*

---

6 septembre.

Un petit incendie a eu lieu avant-hier, durant la nuit, près de la demeure du ministre de la guerre. Cela a fait grand tapage et a donné lieu à un grand luxe de précautions militaires.

Le courrier Anulis, expédié pour le Nord samedi soir, s'est enfui, laissant sa charge abandonée sur la route, du côté de Sarthe. Les lettres jonchaient le sol et les paquets étaient éventrés. Des actes semblables sont heureusement rares chez nous.

On a voulu voir dans ces deux faits des incidents politiques, comme toujours. La politique est notre pain quotidien national, et ce n'est pas d'aujourd'hui. En ce moment, c'est pis que jamais. Elle remplace le commerce mort, l'industrie décédée. Elle soulage chimériquement la misère qui pèse plus lourde sur nos épaules. A défaut de nourriture plus substantielle, elle met quelque chose sous la dent. On la mâche comme un morceau de cuir pour tromper la faim. Temps de disette et d'état de siège.

Il faut avouer cependant que l'on est pauvre en nouvelles. Et dire qu'il y a à peine trois semaines on nous parlait d'une vaste conspiration, de mesures énergiques à prendre, de la disgrâce de généraux célèbres, de l'arrestation ou du départ forcé de Boisrond-Canal, du banquet des Gonaïves où, verre en main, il avait été traité des éventualités menaçantes de l'avenir !... Que tout cela est loin ! Où sont les peurs d'antan ? Aujourd'hui, on reste des journées entières sans le moindre écho à enregistrer. Deux vides nous accablent : celui du ventre et celui de la tête. Ni le procès en cassation des consolidards, ni celui de M. Bijou ne nous passionnent...

8 septembre.

On lit dans le *Nouvelliste* d'hier, sous la rubrique « Chronique parlementaire :

« Le député Kernizan lit le rapport du Comité des finances qui conclut à ce que la Commission

parlementaire de contrôle d'Emission, faisant un
service de trésorerie soit dédommagée, pour cet
important travail supplémentaire, d'une commission de...

« L'urgence est demandée par le député
Larencul. Elle est vigoureusement combattue par
le député Roland. A peine a-t-il commencé, l'auteur de la proposition la retire. Le député Roland
avoue qu'il ne vient pas plaisanter et il continue.
Les mêmes raisons qui l'ont guidé, lors de la
proposition Weiss, sont de nouveau appliquées
au cas actuel. La Banque aurait droit à cette commission, elle resterait alors dans son rôle qui se
résume à spéculer et agioter. Mais il repousse
cette assimilation à laquelle tend le rapport, car
il ne faut pas enrichir toute une catégorie de gens
aux dépens de la caisse publique.

« Le député Benoît ne pense pas comme son
collègue ; il se sent, déclare-t-il, mal placé pour
discuter la question, se trouvant en cause. Cependant, il tient à s'expliquer. Ce n'est pas en vain,
dit-il, qu'il se répète, — sous forme vulgaire —
qu'un égoïsme atavique persiste en nous. Ce sentiment commencé au point de départ de la race,
transplanté sur le sol, se transmet aux générations.

« En somme, la circonstance le prouve bien. Son mandat de député, fait-il observer, est tout aussi déterminé que le chiffre de ses indemnités. Lorsqu'on lui réclame plus qu'il ne doit fournir, on est redevable envers lui. Car, à la formule : service contre service », il accorde une haute portée économique. La commission de contrôle a pris de lourdes responsabilités, son honneur a été mis en jeu : elle a été trouvée indemne, irréprochable, tout cela établit le souci qu'elle a eu de sa mission et ceci coûte des peines. Car si les comptes n'avaient pas été trouvés justes, la moindre erreur de chiffre serait sans pardon. Lors donc qu'il travaille, en dehors de ses attributions, c'est pour être rétribué.

« Le député Amisial présente une simple observation : en parlant de gens qui cherchent à s'enrichir, le député Roland se trompe, dit-il, la Commission de contrôle a jusqu'ici donné de trop grandes preuves de son dévouement et de son désintéressement.

« Le député Roland demande à répondre. La proposition d'urgence étant retirée, observe le Président, l'incident est clos.

« Le député Larencul proteste vivement. Le Président le rappelle à l'ordre, avec inscription au procès-verbal. Le député Larencul insiste, affirme qu'il aura la parole. Le Président se couvre, déclare la séance suspendue. — Après quelques rumeurs, elle est reprise.

« Le député Roland s'explique alors sur un fait personnel. Il fait d'abord remarquer qu'il ne rentrait nullement en son intention de froisser aucun de ses collègues, particulièrement les députés Amisial èt Benoît.

« Mais il s'est inspiré des considérations qui l'ont porté à combattre la demande de 6,000 dollars pour la commission d'enquête administrative. Il ne se peut pas que l'on ne trouve de citoyens désintéressés, décidés à se dévouer pour la République. C'est la seule idée qui l'anime. Les reproches qu'on lui adresse indiquent la « malformation » de l'esprit haïtien, se refusant à admettre jusqu'en ce moment la liberté de parole, d'opinion. En auscultant son cœur, on n'y trouverait pas le battement de la haine.

« Le député Larencul obtient la parole. Il dit pourquoi il sollicita l'urgence, il pensait aussi avoir le vote immédiat. Mais les deux votes ne pouvant aller simultanément, il retira sa proposition. Il ne s'imaginait pas d'ailleurs qu'une telle question serait agitée, car il considère la tribune (de la Chambre) comme sacrée. Il combat donc le rapport du Comité des finances, se réservant la même attitude, quoique membre de la Commission du Retrait, lorsque pareil rapport sera présenté en sa faveur.

« Finalement, le député Oriol déclare que n'étant pas venu à la Chambre pour entendre vider des questions personnelles, il se retire. Il est suivi de quelques collègues. La majorité ayant été ainsi infirmée, la séance est levée à l'extraordinaire. »

Cette discussion ne laisse rien à désirer. On ne saurait mieux trouver pour peindre notre mentalité actuelle. Notez que l'on dit dans le public que c'était 5 0/0 sur la totalité de l'émission de 10 millions, ce qui aurait produit un chiffre de 300,000 gourdes. D'autres tiennent qu'il ne s'agissait que de 150,000, mais qu'en votant le budget, la Chambre aussi ne manquerait pas de se voter 50,000 gourdes à titre de récompense nationale. (*Echo de la République*).

Pour la commission d'enquête administrative, il s'agissait de 6,000 dollars, soit au change du jour 30 à 33,000 gourdes à chaque membre. Pourvu maintenant, grands dieux ! que les membres du Corps législatif qui par le vote patriotique des 10 millions ont indubitablement sauvé le pays, ne s'avisent à leur tour de réclamer une commission extra-parlementaire sur ladite émission. Car ils peuvent avec juste raison dire qu'ils ont encouru une grave responsabilité devant l'avenir et demander qu'on les dédommage des éventualités de l'exil, de la prison, dans un pays versatile où le patrote est exposé, où... (Voir pour plus amples développements l'exposé des motifs du projet de loi concernant l'allocation des 6,000 dollars à chaque membre de la commission d'enquête).

Pour couronnement, les députés doivent voter enfin que désormais, et sans discussion, leurs indemnités, celles des sénateurs et des secrétaires d'Etat seront payées en or américain. On oubliera naturellement les pauvres fonctionnaires publics qui n'ont jamais eu ni feuilles de 1903 payées au pair, ni faveur d'aucune sorte. « *Charité bien ordonnée commence par soi-même* », dit le proverbe.

Un ami me contait que, traversant le cimetière extérieur, il entendit cette fin de discours qu'écoutaient une douzaine de personnes, en y comprenant l'orateur et les fossoyeurs :

« Adieu Cherfils ! Adieu incomparable et trop

modeste concitoyen !... Tu fis partie d'une administration par où passe toute la fortune publique
et où, de tradition, tout le monde fait sa pelote ;
tu restas pourtant pauvre. Les rails pourris de
notre douane charriaient devant toi leurs barils
de dollars et leurs ballots de billets de caisse : tu
fus incorruptible. Tu voulus être de fer dans un
siècle de boue. Tu dédaignas même toute ta vie
de porter le *retapé*, cette coiffure nationale !
Après ce dernier trait, qu'ajouter pour peindre
davantage ton originalité ? Adieu donc, Cherfils !
Tu meurs en entier, car il ne restera rien de toi,
ni disciple, ni le plus petit souvenir de la part de
qui que ce soit. Tu as vécu et tu meurs en dehors
de ton temps, isolé dans la vie, inconnu dans la
mort... Adieu, dernier vestige d'une espèce dispa-
rue ! Adieu, antédiluvien ! »

Mon ami, intéressé par cette étrange oraison
funèbre, suivit l'orateur, quand il eut fini de parler, à quelque distance. Il sortit à grands pas du
cimetière. Dehors, il s'arrêta à une tombe de
fusillé :

« Cœur vaillant, valeureux apôtre, dit-il, que
notre couardise a couché prématurément dans
cette terre, je t'apporte, une fois encore, mon
salut ! Pouvais-tu croire dans ta naïveté sublime

qu'on pouvait tenter quoique ce soit avec les pourritures que nous sommes ! Pouvais-tu croire... »

Mais la voix de l'orateur s'élevait, vibrait. Mon ami, prévoyant que cette aventure finirait mal pour lui et peut-être aussi pour ceux qui l'écoutaient, s'éloigna rapidement. Il ne sut donc pas ce que c'était que cet homme. Sans doute, un fou.

12 septembre.

Continuons la lecture des rares journaux que nous possédons. Ils sont souvent plus suggestifs que les plus longues dissertations. Dans le *Nouvelliste*, à la chronique parlementaire, on lit :

« Comme nous l'avions annoncé samedi, nous revenons à la séance de vendredi de la Chambre des députés. Ce n'est peut-être pas inopportun, car de grandes considérations se dégagent des discussions soulevées par les indemnités des sénateurs et députés transportés à la colonne or.

« Voici d'abord le député Roland. Il se refuse à être indiscret, mais laisse sourdement entendre que la question a été précédemment agitée. Il ne s'asocie pas au transport opéré ; du coup, il en déduit les motifs : il voit d'ici les députés depuis 1889, puisqu'il s'agit d'exécuter la Constitution, réclamer leur indemnité, en or. Les prédécesseurs ne dédaignaient pas la monnaie nationale, il convient de suivre la même voie.

« Le député Thébaud lui succède à la tribune. Il explique ces mots : *piastre forte*, consacrés par notre Charte .A son sens, piastre forte, c'est 'a monnaie métallique, effective, sonnante. La Chambre a bien accepté la gourde dépréciée, c'est un acte dont un jour on pourra lui tenir compte ; mais il n'est pas prescrit qu'ils doivent être payés en or. Il importe seulement que le ministre des finances remette de l'espèce sonnante, de la monnaie d'argent.

« Le député Backer demande l'égalité entre les fonctionnaires privilégiés par la Constitution. La monnaie baisse aujourd'hui, déclare-t-il ; demain, par des combinaisons, on peut obtenir un retour favorable. Et il propose d'inscrire à la colonne gourdes les indemnités du Président de la République.

« Deux opinions, explique le député Claude, se sont nettement manifestées à la commission du budget, l'une maintenant le régime actuel, l'autre se prononçant en faveur de l'or. Les indemnités du Président de la République portées à la colonne or, sur réclamation, la commission a égalisé, n'a pu reculer, d'autant qu'il ne revient pas à cette législature d'en bénéficier. En Haïti, ajoute-t-il, dans les transactions, dollar argent et dollar or s'équivalent.

« Le député Roland trouve bon de maintenir les indemnités présidentielles telles qu'elles ont figuré. Mais il est contre l'inégalité. Les autres fonctionnaires sont payés en monnaie nationale, les députés ne doivent pas échapper à la règle. Au surplus, la prochaine Chambre, se pénétrant de leur exemple patriotique, peut rejeter cette mesure : c'est une injure à éviter.

« Le député Larencul regrette infiniment que le nom du chef de l'Etat ait été cité, car le Président, dont le désintéressement se prouve à tout instant, n'a jamais sollicité d'indemnités en or ; c'est, affirme-t-il, l'œuvre de ministres flatteurs, courtisans invétérés. Il a vu malheureusement des ministres applaudir, sans se souvenir de leurs indemnités déjà inscrites en or.

« M. Férère avoue qu'il a applaudi le député Roland, parce qu'il partage son avis. On le met dans l'embarras, dit-il : il ignorait ce changement, car il n'a pas sollicité d'or. Le président lui objecte que tout s'est passé en sa présence, il n'eut pas alors de protestations ; que s'il ne le sait pas, il se révèle fort distrait aux séances de la Chambre.

« Une proposition très judicieuse du député D. P. A. Honoré tranche la question ; il sera figuré ces deux mots : *piastre forte.* »

Il n'y a que le député Backer qui ait parlé comme le voulaient la justice et l'équité. Mais il n'a pas été écouté, ce semble, et le Président d'Haïti sera payé en or. *Quia nominor leo...*

Au tour du *Moniteur*, maintenant. On lit dans le numéro du 10 septembre, séance du 16 août 1904, les lignes suivantes :

« M. E. Magloire : Messieurs les Sénateurs, pour avoir écouté avec attention la lecture de la lettre adressée au Sénat par notre illustre concitoyen Louis Joseph Janvier, j'ai dû m'apercevoir qu'il n'y a pas qu'une affaire de paiement sur laquelle il attire notre attention ; il y a aussi une question de justice et d'ordre public soumise à la haute appréciation du grand corps. Il ressort, en effet, de tout ce de qui nous est placé sous les yeux, que M. le docteur Janvier conteste à M. le docteur Viard la qualité de citoyen haïtien. Si le fait avancé par le premier était vrai, il y aurait lieu pour nous de nous en émouvoir et de nous demander si l'intérêt supérieur de la Patrie est sauvegardé par la présence d'un étranger à la tête d'un service aussi délicat que notre légation à Londres. Aussi je propose d'envoyer la pétition dont il s'agit à l'examen des comités de justice et des relations extérieures qui, après avoir entendu les chefs de ces deux départements, feront un rapport circonstancié à l'Assemblée sur ce point important. »

Voilà donc le Pouvoir exécutif soupçonné d'avoir nommé un étranger à notre poste de Londres. Il ne lui restait plus que ça. Le pétitionnaire est-il ou n'est-il pas bien renseigné ? Et le serons-nous jamais nous-mêmes exactement ?

Dans ce même *Moniteur* on lit :

« Le gouvernement a été informé qu'une propagande intéressée lui prête l'intention de faire une nouvelle émission de billets de caisse dans le but de trouver une justification dans la hausse inavouable du taux du change.

« Cette assertion que le département des finances s'empresse de réfuter est aussi inexacte que malveillante. »

En effet, depuis quelque temps, on prête fortemen cette pensée au gouvernement. Quand on l'a vu prendre le restant de l'émission des 10 millions pour parfaire les dépenses de cette année 1904-1905, chacun a pensé qu'il n'aurait pas suffisamment des 3 à 4 millions restants, et qu'il serait forcé, dès avril prochain, de recourir encore à l'émission.

On affirme au surplus, plus que jamais qu'il va se faire, ou s'est fait voter par les Chambres un blanc-seing pour toutes ses futures combinaisons financières, emprunts ou autres, sauf à en rendre compte. Nous savons ce que « en rendre compte » veut dire. C'est *ad libitum*.

Toujours on s'agite à propos de la future formation ministérielle, mais on est un peu lassé et les racontars ont moins d'élan. On cite toujours des noms, on promène toujours des listes, mais on a tant cité et promené les uns et les autres qu'on est un peu fatigué. Les candidats eux-mêmes n'ont plus d'ardeur. En somme, le public se désintéresse complètement de ce que fera ou ne fera pas le vieux Président. Il n'en attend rien, c'est-à-dire rien qui sorte de l'ordinaire. C'est pourquoi tout le monde est d'accord. A mesure que le temps passe, il devient de plus en plus probable que le cabinet restera : les deux ministres qui sont devant la justice, après le procès des consolidards et la fermeture des Chambres, seront vraisemblablement rappelés.

Les députés ont bien nommé les commissaires qui doivent soutenir l'accusation contre M. Bijou. Toutefois, même s'il est jugé, rien n'est moins certain qu'il soit condamné. Il est plus que probable qu'il sera acquitté.

14 septembre.

Le Tribunal de Cassation a rendu aujourd'hui l'arrêt qui rejette leur pourvoi et renvoie devant le Tribunal criminel le Directeur de la Banque Nationale d'Haïti, son sous-Directeur, deux de ses employés principaux, et quelques anciens ministres. Le procès va donc commencer avant peu.

En écrivant cette ligne, et avant d'aller me coucher — car il est plus de dix heures — je vois, de ma fenêtre ouverte, le croissant échancré de la lune à son premier quartier, qui plane à la cîme des arbres. Il règne sur toute la nature une douceur crépusculaire à faire aimer davantage la liberté et la vie. Un ciel de satin gris, où palpitent des myriades d'étoiles, s'étend à l'horizon comme un voile somptueux. On respire à pleine bouche, dans une fraîcheur d'ambroisie, des parfums qui semblent divins, qui semblent venir d'un monde irréel, édénique... Une telle nuit, on voudrait chaque soir la retrouver, du commencement de l'année à sa fin. Elle ferait de ce pays le véritable paradis terrestre !

Et voilà que je plains de tout mon cœur ceux qui avaient le bonheur, la fortune, la réputation, le plus riche avenir devant eux, et qui ont joué tout cela sur une mauvaise carte.... Et qui, enfermés aujourd'hui dans leur prison, ne peuvent avoir leur fenêtre grande ouverte pour s'emplir les poumons de cette brise du soir !

---

18 *septembre.*

Je n'ai pas, je crois, parlé de l'imprimé intitulé : *Affaire de la Consolidation*, et qui est le pourvoi des accusés en cassation. C'est une copieuse brochure. La conclusion ne manque pas de majesté :

« Quant aux avocats, finit-elle, qui assistent les exposants, ils feront leur devoir jusqu'au bout et sans faiblesse. C'est l'honneur de leur ordre de prêter son ministère à toutes les infortunes.

« Ils se présentent devant vous, magistrats, comme ils espèrent se présenter plus tard pour d'autres, quand le temps aura poursuivi son cours. »

C'est bien dit et d'une belle ironie.

Dans la *Gazette des Tribunaux* on a lu aussi, ces jours-ci, les conclusions du commissaire Dauphin à la Cour de cassation contre le pourvoi des *consolidards*. On m'excusera d'employer toujours ce néologisme. Je n'y mets aucune intention injurieuse, mais comme il a été admis dans la circulation pour désigner les accusés de la fausse consolidation, il est commode et il épargne les périphrases. Cette pièce de M. Dauphin est d'un haut intérêt et très bien faite. Cette réflexion, par exemple, est à retenir : « Que si la Cour de cassation admettait que les accusés dussent être jugés par le Sénat, ils resteraient légalement sans pouvoir être jugés, attendu que le Corps législatif, dans sa souveraineté, a interprété que l'article de la Constitution ne concernait que les secrétaires d'Etat en exercice. » Un principe essentiel à l'ordre public serait ainsi violé. Et dans ce conflit les accusés, ne trouvant pas de juges, seraient forcément mis en liberté.

La Chambre des députés a fini de voter les budgets des dépenses qui sont maintenant devant le Sénat. J'ai beau, dans les journaux, essayer, en suivant attentivement les débats, de me rendre compte du total des chiffres, je n'y arrive pas. Toutefois, l'addition me paraît fantastique. Comment exécutera-t-on un tel budget ?

19 septembre.

L'humble cadre d'une belle journée : il n'a pas fait aujourd'hui extraordinairement chaud, on a eu la visite de quelques amis, on a causé de tout avec une certaine liberté qu'on ne se permet pas avec tout le monde et, l'après-midi, on a fait une chevauchée à « *La Coupe* ». Vers les six heures et demie, au retour, le crépuscule descend avec lenteur sur les profondes vallées qui bordent un des côtés de la route. Les gros arbres étagés se voilent peu à peu d'ombre lumineuse. Au loin, la ville s'étend au bord d'une mer qui, limpide, unie comme un miroir d'argent, presse amicalement les échancrures des anses, des îlots, des récifs de corail. On s'emplit la tête de ce spectacle, de cet apaisement des choses, s'harmonisant en ce moment avec notre âme que hantent des visions supérieures et douces... Rentré à la maison, on dîne tranquillement en famille. La lune, par les portes ouvertes, jusque sur la table, avant que la domestique ait apporté les lampes, promène ses rayons discrets. C'est mélancolique et très grave. Puis le dîner expédié, on fait quelques tours, soit au dehors, soit dans l'allée. On s'enivre du parfum des arbres, on les aspire avec plaisir. C'est digestif et sain, car, sous l'influence de la nuit, les senteurs violentes s'atténuent, se fondent, s'apaisent dans une tendresse universelle et lénitive... Le campêche et le tchacha sont plus doux à cette heure.

Après, vers les dix heures, les lumières éteintes, la maisonnée se couche. Et le modeste penseur, qui ne veut pas que son cerveau, si médiocre de qualité déjà, prenne trop l'habitude de la paresse et de la nonchalance, allume, dans la pièce isolée où durant quelques instants il se réfugie chaque

soir avant le repos, sa petite lampe de *kérosine*...
La chaleur de l'huile le fatiguera bien vite. Elle
l'obligera, avant qu'il ait voulu, de regagner son lit.
Tout de même il ne se sera pas couché sans avoir
tracé quelques mauvaises lignes de son crû ou lu
quelques belles pages d'écrivain aimé.

Ce soir, je pense que je suis bien en retard
avec quelques publications parues ces mois ou ces
jours derniers, et dont je n'ai pas parlé. Il me
faut réparer cet oubli. Il y a d'abord l'*Œuvre*,
revue mensuelle de littérature et de philosophie
sociale, de M. Massillon Coicou. Vous connaissez
le poète. Il n'y a pas à faire son éloge. Quant à
l'homme, il est charmant, il est aimable et est
d'un agréable commerce. On aimerait à rencontrer souvent chez nos concitoyens les belles qualités de cœur et d'esprit qui le distinguent. J'ai
eu du plaisir à lire sa revue : trop de généralités
peut-être...

M. Nemours Auguste, l'ancien sénateur, m'a fait
l'honneur, avant de partir pour l'Europe, de
m'envoyer avec un mot aimable : l'*Exposé des
motifs du projet de loi sur le service de la Trésorerie*. Cela est très intéressant et c'est d'une
belle langue. M. Nemours Auguste est un styliste
remarquable. Quelle saveur ! Et quelle perfec-

tion dans le raisonnement ! Je vous conseille de lire le préambule de cet exposé. Si vous avez quelque chose qui batte encore, si faiblement que ce soit, sous votre mamelle gauche, vous conviendrez qu'il y a une vraie grandeur dans ce langage et que cet homme honorait vraiment ce Sénat dont on l'a chassé.

Le numéro de septemebre de la *Revue de la Société de législation* est fort intéressant. Il contient les articles de la Constitution et les différents textes de loi concernant le jugement des secrétaires d'Etat sur lesquels ont a tant discuté ces temps-ci. Mais la revue ne donne aucune opinion personnelle. Elle se réserve pour plus tard. Il y a aussi, dans ce même numéro, une suite de réflexions, pas neuves assurément — ce sujet a été si souvent rebattu ! — sur la famille américaine, par M. Abel-N. Léger. Ce jeune homme est le fils aîné de notre ministre à Washington. Il y a dans sa narration beaucoup d'ordre, de mouvement, de vie et d'observation. Le style est simple et clair. Je ne serais pas étonné que l'auteur, s'il tient dans l'avenir les promesses de ce début, ne devienne un sagace écrivain.

Il y a encore là sur ma table deux ou trois autres publications. A quoi bon en parler ? Elles

n'attestent que la dégénérescence de l'esprit national. C'est un tas de platitudes, de bassesses et de
flatteries. L'oubli, ce linceul des morts, est encore
trop bon pour elles, car elles auraient dû ne
jamais exister.

Que le cadre modeste de cette humble journée
de joie tranquille, de contentement paisible, se
parachève dans une nuit sans accident, sans
réveil pénible de mousqueterie et de troubles révo-
lutionnaires ! Et qu'au matin la diane familière,
l'angelus aux sons d'espérance, la sonnerie du
Palais : *Bonjour, Président !* en la limpidité d'un
ciel sans rival, nous rassurent que tout est dans
le même état que nous l'avions laissé la veille !

C'est le vœu que l'Haïtien, après tant de déceptions et de misères, se résout à faire chaque soir
en se mettant au lit. Il est, certes, compliqué de
lâcheté et de résignation serviles. Mais regardez
autour de vous, réfléchissez, répondez si un tel
souhait n'est pas encore ce qui est préférable dans
notre situation sociale et selon le sens diabolique
de notre histoire, jusqu'à présent !

Le *Nouvelliste* annonce qu'un mandat de dépôt
a été décerné contre M. Cajuste Bijou, secrétaire

d'Etat des finances, lequel a été décrété d'accusation il y a quelques jours par la Chambre des députés. Selon le journal, l'ancien secrétaire d'Etat se serait enfui. Je crois que l'on serait bien content de voir cet homme s'en aller : il serait commode alors de lui faire porter tout le poids des péchés d'Israël.

20 septembre.

Le ministre de la guerre, intérimaire de l'intérieur, a donné aujourd'hui ce qu'il appelle dans l'invitation un déjeuner-dînatoire, au café Hermance, en l'honneur des députés et sénateurs : il y avait cent vingt convives. C'est assez curieux, car on pouvait croire que les collègues du ministre Bijou, mis en accusation par les Chambres, n'iraient pas jusqu'à banqueter avec ses accusateurs, d'autant plus que ceux-ci ne les ont pas toujours ménagés. Mais vous savez que la politique ne s'arrête pas à ces bagatelles.

On lit dans le *Nouvelliste* de ce jour ceci :

AVIS OFFICIEL

« Le ministère de l'intérieur et de la police générale donne avis à tout passager haïtien comme étranger, partant pour l'étranger, qu'il aura à faire sa déclaration de départ au bureau de cette place, sur un timbre de 10 centimes.

« Il se présentera ensuite au ministère de l'intérieur pour obtenir son passeport muni d'un timbre de 15 ou de 4 gourdes, s'il va au delà ou en deçà de l'Atlantique, conformément à la loi sur la matière. »

Ainsi, voilà où nous en sommes en 1904. Que de complications pour quitter le pays ! Que de peines pour empêcher les gens de voyager, pour les embêter ! Ailleurs, on vous facilite le plus possible. Ici, c'est tout le contraire. Pour arriver à ce beau résultat, on a réédité une vieille loi de Geffrard, en désuétude depuis longtemps. Au fond, c'est encore la politique......

22 septembre.

On dit que le ministre Férère a donné sa démission de secrétaire d'Etat intérimaire des finances, à la suite d'un différend avec le Président. Les Chambres, on s'en souvient, avaient énergiquement protesté contre le bruit qui avait couru qu'elles allaient, en fin de session, s'adjuger

50,000 gourdes. Elles avaient patriotiquement
affirmé que c'était une calomnie. Or, elles ont
demandé au Président de faire payer 72,000 gourdes de gratification aux deux corps : Chambre
et Sénat. Le Président et le ministre intérimaire
de l'intérieur ont accepté. Mais quand il s'est
agi de faire signer l'ordre de paiement, le
ministre intérimaire des finances a catégorique-
ment refusé. Il a déclaré être prêt à rendre son
tablier, plutôt que de faire cette sortie illégale de
fonds. Il a objecté, fort judicieusement du reste,
que la Chambre, si elle désirait une gratification,
n'avait qu'à se la voter quand elle était en session,
et qu'alors il aurait payé. Le président du Corps
a répondu qu'elle avait craint de froisser l'opinion
publique, et qu'elle ne pouvait pas prendre un tel
vote au moment où elle traduisait un grand fonctionnaire devant la Haute Cour pour malver-
sation, que cela aurait vicié le principe même de
son action. A quoi le brave Férère, un peu du
Danube, a répliqué que cette réponse s'appliquait
exactement à son cas, et qu'il ne craignait pas
seulement l'opinion publique, mais surtout d'être
renvoyé comme Bijou, — peut-être par ceux-là
même qui demandaient la sortie illégale —
demain, devant un tribunal de haute justice.

Le député qui me racontait l'affaire, sur mon interrogation si les Chambres avaient palpé, m'a répondu que oui, que le Président s'est arrangé pour donner la somme.

On cherche maintenant un ministre des finances qui vienne apposer sa signature au bas de cet ordre, et permettre au Président de rentrer dans ses fonds.

———

23 *septembre.*

Toujours la camarilla — puisque c'est le nom dont on nomme les huit ou dix conseillers occultes — qui s'agite, toujours les bruits les plus divers qui courent. Tantôt le Président va former un ministère, tantôt il ne fera rien du tout jusqu'à l'achèvement du procès des consolidards, car il veut que le ministère qui a commencé l'affaire l'achève ; tantôt il se contentera de nommer simplement un ministre des finances pour remplacer M. Bijou ; tantôt il ne remplira même pas cette vacance, espérant que, après le procès du 28 au Sénat, M. Bijou, acquitté, pourra reprendre son portefeuille... Ainsi, il passe son temps entre cent combinaisons. Il donne l'espoir le matin, il l'enlève la minute d'après. En attendant, l'intrigue bat son plein, dans son palais, autour de sa personne, l'intrigue souveraine, stérile au bien, fertile au mal.

Est-ce Claude posant pour Tacite ? Est-ce Sixte-Quint qui retrouvera sa voix pour commander, et sa *voie* au moment voulu ?

Je ne connais pas assez l'homme pour décider. On m'a dit pourtant, un de ces jours derniers, qu'il ne faut pas se fier à ce vieillard, que, si cela va ainsi, c'est parce que cela lui plaît ; qu'il a un profond mépris, un aristocratique dédain pour toutes les bassesses, mais que cela le réjouit extraordinairement de voir leur étalement.

———

Le *Soir* contient le compte rendu du banquet offert par le ministre intérimaire de l'intérieur au Corps législatif. Je le transcris ici comme curiosité ; c'est un morceau assez réussi de la prose officielle en usage chez nous depuis quelque temps :

LE BANQUET D'HIER

« C'est hier, à une heure de l'après-midi, qu'a eu lieu, à l'hôtel de France, le grand dîner offert par le ministre de la guerre et de l'intérieur au

Corps législatif, à l'occasion de la fermeture de la session. C'est dans les grandes pièces d'en haut, si artistement aménagée pour la circonstance, que les invités étaient reçus. Le coup d'œil était charmant ! Et le geste était beau qui réunissait dans une seule étreinte les membres du pouvoir exécutif et du pouvoir législatif, et les amis du gouvernement. On remarquait, à côté des ministres Magny et Laraque, le commandant de l'arrondissement, le général Justin Carrié, le commandant de la place, M. Régnier, le chef de la police administrative, M. Helvétius Manigat, le général Octave Brice, le général d'Assace, le général André Guillaume. Parmi les citoyens invités au dîner, ceux-là vrais amis du gouvernement, se trouvaient M. Sévère, secrétaire du conseil des secrétaires d'Etat, Saint-Julien Sanon, Montreuil Guillaume, payeur au département de la guerre, Herman Malval, payeur au département de l'intérieur, Sobieski Casimir, chef de bureau au département de la Guerre. Sans discours et sans pompe, on s'attabla. Un souffle de concorde et de fraternité semblait passer par-dessus ces tables dégorgées de mets les plus succulents. Tous les cœurs le sentirent. Et c'est dans ces dispositions que l'on fit cas du menu, qui était excellent :

« *Hors d'œuvre*. — Jambon Nord Alexis, saucisson de Lyon Mme la présidente, beurre de Copenhague ;

« *Entrée*. — Poisson sauce mayonnaise, saucisses de Paris Corps législatif.

« *Rots* — Filets champignons sauce madère Cyriaque Célestin, dindonneau au cresson Laraque ;

« *Légumes*. — Salade russe Magny et Férère ;

« *Dessert*. — Rhum, cakes génoises, à la confiture, vins divers, champagne.

« Le menu fut emporté, le vin aidant, à travers une franche gaîté. Le service, dirigé par Mme Hermance, allait son train. Aussi, lui adressons-nous nos compliments les plus flatteurs. On arrive aux toasts. Ils furent nombreux, et provoquèrent des applaudissements répétés. On nous pardonnera de ne pouvoir les reproduire tous. Contentons-nous seulement de citer les convives qui ont pris la parole :

« Ce sont le commandant de l'arrondissement, le général J. Carrié, qui boit en l'honneur du président Nord et du ministre de la guerre ; les députés Charles Leconte, Suirard Villard, Kernizan, Larencul, Wiss, le sénateur Sander, dans un langage vibrant, levèrent leur verre au nom de Mme Nord, des commandants de l'arrondissement et de la place. Ces généraux, flattés des paroles bienveillantes à leur adresse, remercient ces orateurs. Puis, d'autres députés suivirent l'exemple des premiers.

« C'est le tour du dessert. Dans un entretien général, chacun émet des vœux patriotiques.

Notons la remise d'un bouquet de M. Charles Leconte au président du Sénat. Celui-ci parla à peu près en ces termes : « Je bois à la santé du « ministre de la guerre, qui a eu la gracieuseté de « nous inviter à dîner, et dont la présence en « ce moment prouve la sympathie qu'il nous « porte. Il est nécessaire de conserver parmi nous « l'union, la concorde et l'harmonie de la façon « la plus absolue, la plus sincère. Laissons les « ouragans, les mers courroucées. Restons unis « dans une seule étreinte, sur le cœur de la « Patrie. » Ces paroles furent signalées par d'éclatants applaudissements.

« Le général Justin Carrié parla à son tour, et c'est le résumé de sa pensée que nous essayons de reproduire : « Messieurs, je bois au ministre « de la guerre et à vous tous.

« Cependant, nous ne pouvons oublier notre

« gloire, le vénérable Nord Alexis, celui que la
« Providence a envoyé à temps pour sauver le
« pays. Je bois aussi à son épouse, qui l'aide bien
« pieusement à conserver la paix qui nous fait
« évoluer. Je vous propose donc de boire à la
« gloire du général Nord, à celle de son épouse et
« du ministre Cyriaque Célestin. » (Applaudissements enthousiastes.) D'autres orateurs se firent
entendre : Métellus Benoît, dans un discours
fortement pensé ; Honoré, qui, dans la circonstance, s'est fait réellement applaudir dans ses
idées nourries et éloquentes. Nous ne pouvons que
trop l'en féliciter. Wiss exprime le regret que les
Chambres se soient fermées avant de décerner
un vote de haute confiance au chef de l'Etat.
Nous allions oublier le député Oriol, qui porta un
toast majestueux à la *mémoire du pauvre Bijou!*

« Que conclure d'une pareille agape ? N'est-ce
pas comme le prélude de l'union, de la concorde
et de la fraternité, qui semblent unir tous les
cœurs dans une même étreinte, comme l'a si bien
dit le président du Sénat, dans son langage de
poète ? Espérons. »

26 septembre.

On annonce que c'est mercredi prochain, 28 septembre, que le Sénat se réunit en Haute-Cour pour juger M. Cajuste Bijou, secrétaire d'Etat des finances et du commerce.

Ledit a constitué pour le défendre Me Martin Dévot, qui a envoyé des citations à diverses personnes, parmi lesquelles MM. A. Bonamy et Ed. Lespinasse.

27 septembre.

Je crois qu'il y a assez longtemps que je n'ai mis dans ces pages quelque souvenir personnel : c'est que je me détache de plus en plus d'elles. Elles me semblent bien vides, bien toujours la même chose à enregistrer ; banalités coutumières, flatteries toujours semblables, depuis le commencement de notre existence nationale, sans le moindre grain d'intelligence et de bon sens. Il faudrait, justement pour cette raison, essayer de ranimer ces notes autrement que par l'annotation au jour le jour. Le fait est que je n'ouvre plus ce cahier

17

qu'avec grande indifférence. Cela dure trop, cette désagrégation des éléments constitutifs de notre petite nationalité... Est-ce que nos gouvernants séculaires ne vont pas passer la main à d'autres, plus capables et plus conscients ?

Cependant, ce matin, il m'est advenu une infime choserie assez insignifiante. Je doute qu'elle vous intéresse. Je vais vous la conter tout de même, car elle m'a un peu ému.

Vers les sept heures, pendant que j'indiquais à un maçon quelques joints à reprendre au carrelage de la galerie, un homme d'une quarantaine d'années, à demi prolétaire, à demi bourgeois, s'est présenté. Il tira une photographie de sa poche et me parla ainsi :

— « Je suis le frère de Duracé Antoine.. Quelques minutes avant de mourir, il y a trois ans, il m'appela près de son lit et me confia ce portrait, en me recommandant de vous le rapporter quand vous rentriez au pays. Par hasard, j'ai appris votre retour, et je viens acquitter la promesse que je fis au défunt. »

Ce portrait, c'était le mien. J'y avais au bas, longtemps auparavant, tracé de Paris, en le lui envoyant, quelques mots de sincère amitié... Et je me rappelai que, quelques mois après l'envoi, un ami m'écrivit de Port-au-Prince que Duracé Antoine promenait la photographie ainsi dédicacée dans les rues, dans les cafés, partout où il allait, montrant l'une et l'autre, dans un naïf orgueil. On se moquait de lui, et de moi surtout, car on trouvait peu digne, inconvenant, ridicule, mon assurance d'affection profonde à ce simple... Je répondis à l'ami que, si on se moquait de moi, on avait tort, que Duracé Antoine était une noble nature, et que je plaignais sincèrement ceux qui, à travers la gangue de certains dehors, ne savaient pas découvrir le trésor du cœur, trésor si rare, si précieux en notre pays...

En effet, c'était un brave cœur dans la plus large acception du mot. Par exemple, je ne savais pas pourquoi il s'était attaché à moi, ne lui ayant jamais, à aucune époque de mon passage aux affaires, ni auparavant, rendu le moindre service. Cela lui était venu, il ne pourrait pas lui-même dire comment, et cela lui était resté. Depuis des années, il m'avait pris ainsi en belle passion, venant me voir souvent, content quand je lui avais adressé quelques mots, s'ingéniant à se rendre utile de toutes les façons, apportant les journaux dès leur apparition, tranquille, simple, un sourire perpétuel sur la face. Quand je partis, ce fut une autre affaire. Il s'enquit de mon adresse et, chaque courrier, régulièrement, m'adressa une épître, et, sous bande, les journaux du pays. L'adresse était bizarrement libellée : *Au général de division d'Haïti, Frédéric Marcelin, de Paris, de Courcelles, 108, en son boulevard.* Car pour Duracé Antoine, il lui était resté cette tare : on n'était pas quelqu'un si on n'était pas général. Et j'avais beau lui donner mon adresse régulière, il persistait quand même à la libeller comme devant.

Tout arrivait exactement, journaux et lettres. Celles-ci étaient étranges. Il me tutoyait respectueusement tout du long, et dans plusieurs pages copieuses, proprement calligraphiées, il me donnait les nouvelles, les racontars de chez nous qu'il entremêlait des réflexions les plus baroques, les plus inimaginables. Cela ne me faisait ni rire, ni sourire, bien au contraire. Et quand parfois un petit pot de tamarin au gros sirop, une bouteille de mauvais rhum m'étaient apportés par quelque voyageur de la part de Duracé Antoine, je tremblais d'émotion, je pleurais presque...

Cela continua ainsi durant des années. Un jour, les envois de journaux, les lettres cessèrent. Trois, quatre courriers passèrent sans m'apporter la grosse écriture de Duracé et son habituel libellé :

« *Au général de division...* ». Je m'inquiétai, j'écrivis à Port-au-Prince. Personne ne put me renseigner. L'homme avait disparu, avait plongé, sans trace, sans même le fragile remous qu'on laisse généralement après soi, à la surface de la mer des oublis, en s'y enfonçant. Mais dans mon cœur, ce fut différent. Je continuai longtemps, à chaque courrier, à regarder, à chercher encore, entre les lettres, la grosse écriture et le libellé familiers...

Son frère était maintenant assis en face de moi. Je l'interrogeais et il me disait doucement :

— Oui, il est mort dans de cruelles souffrances. Il criait, il pleurait qu'il ne voulait pas mourir. Je lui répétais, le plus que je pouvais, que nous naissons tous pour cela. Cela ne le consolait pas, vous comprenez, et, dans son cas, cela ne m'aurait rien fait non plus.

— De quoi est-il mort ?

— Il connaissait un médecin auquel il apportait le *Moniteur* deux fois par semaine, parce qu'il l'avait pour rien, étant employé au département de l'Intérieur. Ce médecin, quand il fut mort, a donné un nom à sa maladie, un nom que je n'ai pas retenu. Peut-être s'il avait donné le nom

avant aurait-il pu le sauver. En tout cas, à peine
ferma-t-il les yeux qu'il gonfla comme une *blade*.
On fut vite obligé de le faire enterrer, et même
on ne put, tant il était enflé, réussir à fermer complètement le cercueil. C'est avec des cordes qu'on
l'attacha. Ah ! monsieur, cette mort n'était pas
naturelle. Duracé avait des envieux...

— Mais, pourquoi aurait-il des envieux ? Il
n'était pas un personnage.

— Est-ce qu'on sait pourquoi on porte ombrage
aux gens ? Dans notre petit monde, c'est plus commun qu'on ne croit, la jalousie. Mon frère savait
lire, écrire, il parlait aussi, et fort bien, en certaines occasions. C'était donc un savant. Voilà
plus qu'il n'en faut pour attirer l'envie. Alors, en
vous offrant un grog, on vous donne intentionnellement un verre drogué, un verre bien lavé... Moi,
cela ne peut pas m'arriver.

— Ah ! vraiment. Et pourquoi ?

— Par la raison que je suis un ignorant. Je ne
sais ni lire ni écrire. On ne peut pas m'envier.
Mon parrain — que Dieu n'ait pas son âme en
paix, car, ce faisant, il m'a fait bien du tort !
— m'a donné un métier, celui de tailleur, duquel
je ne réussis pas à vivre, mais il ne m'a enseigné
ni à lire, ni à écrire.

— Cependant, si cela a causé la mort de votre frère, vous devez, ce me semble, bénir votre parrain.

— Par exemple ! Si on envie un homme éclairé jusqu'à le détruire, c'est qu'on apprécie l'instruction... Non, je ne bénis pas mon parrain. Il n'a pas rempli son devoir. Moi-même, j'ai toujours envié la science de Duracé. Comment, alors, pourrais-je chérir mon ignorance ? Voyez-vous, se distinguer est naturel à chacun. Quand le monde, dans votre quartier, vous considère comme un être sans valeur, cela vous fait toujours de la peine et on veut se distinguer n'importe comment. Que fait-on quand on ne sait ni lire ni écrire ? On recherche un bout de galon, on démontre à tort et à raison qu'on a de la poigne, on bâtonne, on fourre les gens en prison, et on va sans façon plus loin. Moi, je ne pouvais pas, car, bien que tailleur, je n'aurais pas su couper dans cette étoffe-là. J'ai donc vécu et je mourrai dans l'obscurité.

J'offris de se *rafraîchir* à mon interlocuteur. Il accepta et nous prîmes un grog de compagnie. Je le priai de venir de temps en temps me voir, et le laissai partir sans essayer de le détromper sur les vertus qu'il semblait attribuer à l'instruction. Il avait pratiqué Duracé Antoine : sa bonté, sa simplicité, lui étaient demeurées comme inhérentes à ce qu'il appelait sa *science*, son fondement même. Il n'eût pas été possible de le détromper.

———

28 septembre.

Pas de soleil ce matin-ci. Un ciel nuageux, gris et sombre. C'est aujourd'hui le procès de M. Bijou au Sénat. C'est peut-être pour cela que le temps est si triste.

On a vu passer le directeur de la Banque, solennel et en haut de forme, divers anciens secrétaires d'Etat et grands fonctionnaires, se rendant à l'audience, cités par l'accusé. Puis, quelques instants après, tout ce monde s'est dispersé, est rentré chez lui : il n'y a pas eu de majorité au Sénat. Sept sénateurs ont manqué pour donner le quorum légal. Le public a crié, protesté, hué les abstentionnistes. Il s'est retiré en sifflant cette comédie ratée, mal jouée par ses propres auteurs. Plus on va, plus on constate que la dégradation matérielle et morale du pays a atteint le point culminant. On ne peut descendre plus bas encore, on a touché le fonds. Et cette réflexion vient tout naturellement à l'esprit en entendant les parents ou amis des sénateurs défaillants, ou eux-mêmes, proclamer majestueusement que la réunion du Sénat ce matin était inconstitutionnelle, que c'était à l'Exécutif, de par la Constitution, à le convoquer, etc., etc. Où donc l'ingéniosité byzantine va-t-elle se nicher ? Mais d'autres assurent — à tort sans doute — que le souvenir des largesses passées de l'accusé, l'espoir qu'il sera demain encore aux affaires, la protection surtout du chef qui ne l'a jamais complètement abandonné, ont une grande part à ce dénouement, lequel n'est pas pour étonner, en somme.

Mais, quel tohu-bohu ! Qui peut se vanter de voir clair en tout ceci ? Hier, les Chambres banquetaient sous l'œil paternel du gouvernement, les félicitant d'avoir si bien compris leur devoir. Aujourd'hui, ce même devoir est entravé, quasiment annihilé. Trouvez-moi une idée, une pensée, autre que celle de la confusion, de l'indécision, du ballottement perpétuel, et vous serez bien malin. Mais on me dit que c'est de la haute politique...

1ᵉʳ octobre.

Voici, sur le dernier incident du procès du nommé Bijou, ainsi que le dénomme l'ordonnance de prise de corps rendue contre lui par le Sénat le 17 septembre 1904, les appréciations de deux journaux de ce jour. L'un défend l'accusé, l'autre est contre lui : tous deux sont d'accord pour dire son fait au grand Corps :

L'Echo de la République :

« C'est le Sénat qui, cette semaine, a défrayé la chronique, et nos pères conscrits, qui n'ont pas l'air d'avoir conscience de leurs actes, se sont prêtés de bonne grâce aux lazzi du public. C'est à croire qu'ils sont entièrement dépourvus du sens du ridicule. Car enfin cet aperçu d'une séance de la Haute Cour de justice que nous avons eu mercredi dernier dépasse tout ce que l'on peut imaginer de plus grotesque ! Le public — qui se trompe trop souvent sur nos hommes politiques — en a été pour ses frais de curiosité, et doit maintenant s'avouer victime d'une mystification dans le genre des farces de Lemice-Terrieux.

« Quant à nous, nous avions bien prévu cette scène de comédie.

« Tous les discours pompeux qui ont été débités à la Chambre, tous les rapports de commission de comptes généraux ou autres, toute cette mise en scène savamment préparée, tout cela devait fatalement aboutir à un *fiasco* ; car rien de sérieux n'existait dans le fond. Et la meilleure preuve, c'est que, quand le secrétaire d'Etat accusé, fort de sa conscience, se présente devant ceux qui devaient le juger, il ne se trouve plus en présence de juges, mais bien de pauvres diables qui prennent la fuite devant lui.

« Vraiment, ce serait à faire pouffer de rire, si la gravité de la question ne devait réprimer tout de suite ce premier mouvement naturel. »

Le *Moment* :

« UNE TRAHISON

« Il faut toujours compter avec les défections et les trahisons et celui qui se mêle des affaires politiques de son pays doit, avant tout, s'attendre à se désillusionner sur le compte de certains hommes dont la vie était apparemment vouée au service du bien et de la justice.

« La Haute Cour, dans sa première audience, n'a pas manqué de nous offrir un rare spectacle auquel, à dire vrai, on ne s'attendait pas. Qu'on lise, en effet, les pièces qui ont été signées par le Président du Sénat, et on verra avec quelle indépendance et quelle fierté, ce citoyen était disposé à faire son devoir, avec quel courage patriotique il faisait voter cette fameuse ordonnance de prise de corps que nous reproduisons plus loin.

« Mais l'esprit de trahison hantait l'imagination de l'austère président de la Haute Cour de justice. Et au moment où les commissaires de la Chambre se présentèrent au Sénat, prêts à faire leur devoir ; au moment où l'accusé lui-même arriva, accompagné de son avocat, Mᵉ Martin Dévot ; au moment où tous les importants témoins cités étaient présents ; alors que la salle offrait un aspect des plus imposants, craquant sous le poids d'une assistance extraordinaire, parmi laquelle on remarquait MM. Ch. Van Wick, directeur de la Banque ; Allem, avocat près la Cour d'appel de Paris ; à l'heure où tout le monde s'attendait à voir surgir de ce procès des vérités brutales qui effrayeraient les hommes d'Etat de demain, le président de la Haute Cour, M. Pétion (Pierre-André), lui-même, suivi de MM. Théodore, Brossard, Moïse et Tiphaine, infirmèrent la majorité, rendant impossible ce jour l'accomplissement du grand devoir de justice qui se préparait avec tant de solennité. »

4 *octobre.*

Nous voilà depuis quatre jours dans la nouvelle année financière. Le *Moniteur* publie à chacun de ses numéros les dernières lois votées par le Corps législatif. Samedi, nous avons eu celle portant fixation des recettes pour l'exercice 1904-1905, soit un total de 7,549,976.75 gourdes et 3 millions 478,874.79 or américain. Le *Journal officiel* a donné aussi la loi fixant les dépenses. Elles ne sont pas additionnées, mais les chiffres affectés aux différents services semblent donner un total — car il peut y avoir des erreurs sur le journal — de : 6,390,343.99 gourdes et 3,377,687.86 or américain. Les recettes gourdes dépasseraient donc les dépenses gourdes de 1,159,633 et les recettes or dépasseraient les dépenses or de 101,117. Merveilleux budget ! Et quel génie financier l'a su établir dans ces proportions mirifiques ! Seulement il n'a pas pris la peine d'additionner les totaux, comme s'il reculait devant les résultats...

L'ami devant qui, le *Moniteur* en main, je commentais ces chiffres, éleva alors la voix :

— Le vrai est que le Président de la République, ou ceux qui le conseillent, eût accompli une bonne œuvre, une œuvre patriotique si, quelque temps après l'ouverture de la session, balayant les tristes sires qui l'entourent, il avait appelé à ses côtés quelques hommes honnêtes et intelligents. Leur intelligence, leur honnêteté n'eût pas exclu leur dévouement, leur fidélité. Et, dans leur ambition, de sauver le pays, de sauvegarder le nom du chef qui les avait choisis, ils se seraient adressés ainsi aux Chambres...

— Ce n'est pas la peine, lui dis-je en l'interrompant. On sait le cliché, et c'est le même depuis que la République existe. Continuez.

— Mais on s'est bien gardé de suivre cette voie logique et correcte. On ne se hâte même pas de combler les vacances des deux départements ministériels. Pourquoi ? Parce que l'on veut, à l'entrée du nouvel exercice, que le sillon soit bien tracé, le pli bien pris de façon que les nouveaux venus ne soient pas tentés, ne puissent tenter de s'en écarter...

Après m'avoir donné ainsi son opinion, l'ami prit un gin légèrement sucré, comme c'était son

habitude à cette heure. C'est dans l'usage :
le matin on fait la politique au gin, et le reste du
temps au rhum.

----

5 octobre.

Il y a eu cet après-midi, vers les six heures,
une pluie diluvienne. Le tonnerre a grondé assez
fréquemment. Quant la pluie s'est calmée, une
vive rougeur a paru du côté de la ville. Puis on
a entendu les cloches, le clairon, le tambour des
postes militaires... Cette aurore boréale qui éclai-
rait l'horizon, c'était un incendie.

Nous sommes restés ici très inquiets, sans nouvelles, jusque vers les huit heures. A ce moment
est arrivé quelqu'un qui nous a appris que la fou-
dre, dit-on, était tombée sur une maison dans le
quartier du Lycée National et y avait mis le feu.
Quelques logis voisins avaient brûlé, entre autres
la maison Antoine Souffrant. Heureusement que
le fléau avait été, grâce à l'endroit et surtout à
l'humidité des charpentes en bois, vite circons-
crit. C'est heureux. On est déjà sans pouvoir
manger. Il n'est pas juste qu'on soit encore sans
un toit où s'abriter.

Cette maison Antoine Souffrant, je la regrette. Elle me rappelle des souvenirs de jeunesse, mémento d'existence scolaire vécue là avec un des fils de la famille.

————

10 *octobre.*

L'*Echo de la République* publie :

« Depuis quelques jours, on est sur les traces d'un vaste complot dont UNE IMPORTANTE INSTITUTION de crédit tient tous les fils. Il s'agit, comme bien on le pense, d'empêcher que les consolidards soient jugés.

« Mais le gouvernement, toujours en éveil, a tout découvert.

« Il est informé des moindres détails de l'affaire. Il sait que certains partis politiques ont donné dans cette combinaison, par l'intermédiaire de leurs membres présents actuellement dans le pays, aussi bien que par ceux qui sont en exil.

« Plusieurs maisons étrangères, ayant des ramifications à New-York et à Paris, sont compromises dans cette conspiration. Car le gouvernement sait tout ce qui se passe à Kingston, à Inague, ainsi qu'à New-York et qu'à Paris, etc.

« Ainsi, au courant de tous les projets de ces criminels, le gouvernement les attend de pied ferme.

« La répression sera juste et sévère. C'est tout ce que nous pouvons dire là-dessus pour 'e moment. »

De son côté, le *Pacificateur* de la semaine dernière a dénoncé la Banque Nationale d'Haïti : au dire de ce journal, elle serait firministe et expédierait des fonds aux exilés.

Le gouvernement montre depuis quelque temps une grande agitation. Le Président déclare chaque dimanche à l'audience qu'on conspire. De grandes mesures, dit-on, sont prises un peu partout dans les villes du littoral en vue d'un débarquement probable de perturbateurs. Aux Cayes, la population mâle tout entière est sous les armes. On a expédié des troupes au Cap. Le *Centenaire*, chargé de munitions et d'armes, a pris la mer. Partout on veille.

En attendant, hier une soixantaine de Syriens sont arrivés ici, chassés de Jérémie, *manu militari*. L'inquiétude règne en maîtresse et on se demande pourquoi on est inquiet. Le change de 440 est monté à 500.

M. Antenor Firmin vient de faire paraître à

Saint-Thomas une brochure où il combat, au nom de la doctrine, l'opinion de M. Solon Ménos sur les baux emphythéotiques. Cela devrait rassurer le gouvernement sur ses intentions. Il ne peut pas être révolutionnaire, au moins pour le quart d'heure, étant si fort occupé de science juridique. Mais, au contraire, cette brochure a surexcité la défiance de l'autorité. C'est pour elle un bloc enfariné qui ne lui dit rien qui vaille. Elle se gare contre ce papier suspect, et n'a peut-être pas tort.

L'ouverture des assises a été fixée par ordonnance du doyen du tribunal criminel au 3 novembre prochain, à neuf heures du matin. Espérons que le mois de novembre ne finira pas sans nous débarrasser de cette affaire des consolidards qui est devenue une véritable pierre d'achoppement. On l'a si bien fait sortir du domaine judiciaire qu'elle est maintenant un cauchemar, un poids très lourd pour la République. Vraiment, on en a trop parlé, et le gouvernement surtout. Il est temps que cela finisse comme cela doit finir, je l'espère, par la condamnation des coupables et la grâce présidentielle.

Les derniers numéros du *Moniteur* contiennent des lois intéressantes et importantes. C'est, entre autres, la loi sur les douanes et tarifs y annexés. Après tant d'années de sommeil, elle a été enfin votée. Présentée sous Hyppolite par le ministère des finances quand je dirigeais ce département, elle entre aujourd'hui seulement dans la pratique. C'est un peu tard, car on a marché depuis. On aurait donc pu la moderniser davantage dans la taxation des différents articles d'importation. Toutefois, je pense qu'elle peut rendre, si on en maintient fermement l'application, quelques services dans les prescriptions qu'elle édicte contre la fraude.

Il y a aussi les deux lois portant fixation des recettes et des dépenses pour l'exercice 1904-1905. Je crois déjà en avoir parlé. Mais il me semble, à relire celle des dépenses, qu'on est devenu assez coulant sur les douzièmes à imputer chaque mois aux différents budgets. Pareillement, le chapitre des crédits supplémentaires et des emprunts me paraît être devenu plus tolérant que par le passé. Je vais comparer nos anciennes lois sur la matière... A quoi bon ? Est-ce nécessaire ? Puisqu'il n'y a plus de comptabilité, on aurait pu tout aussi bien s'abstenir de ces lois inutiles, surabondantes.

Mon ami — celui qui prenait son gin matutinal l'autre jour — me suggère qu'il serait plus simple de remplacer tout ce long texte par les deux articles suivants :

Article 1ᵉʳ. — Les dépenses n'ont de limites que les besoins illimités de l'Etat. Elles seront déterminées, au fur et à mesure, par le Président de la République, aidé de ses assistants-ministres pour la signature .

Art. 2. — La précédente disposition règle pareillement les recettes. Cependant, comme les droits de douane, impôts, taxes ordinaires doivent diminuer de plus en plus jusqu'à s'abolir complètement en raison du désordre administratif, il sera principalement pourvu aux dépenses par les recettes extraordinaires, telles que papier-monnaie et tous autres expédients propres à assurer la bonne marche du budget général de l'Etat.

13 octobre.

L'agitation a continué aujourd'hui. Un télégramme est arrivé annonçant que M. Ximénès a débarqué à la tête d'une troupe à Monte-Christi.

que le vice-président de la Dominicanie, le général Cacérès, a donné sa démission. On a défendu de donner publicité à ce télégramme. Le motif est qu'on prétend que ce mouvement de Ximénès a été fait d'accord avec les exilés haïtiens qui ont suivi, en grande partie, Ximénès. Or, Monte-Christi étant sur nos frontières, on présume qu'ils ont l'intention de nous envahir de ce côté.

Le gouvernement est-il fondé dans ses craintes ? Ne reposent-elles que sur des racontars inventés pour arroser les influences avides de garder leur situation ? C'est ce qu'on ne tardera pas, sans doute, à voir.

14 octobre.

Le *Nouvelliste*, dans son numéro de ce jour, dément qu'il y ait aucun mouvement révolutionnaire en Dominicanie. Il publie un télégramme de Santo-Domingo, communiqué par la légation dominicaine, où il est affirmé que « Monte-Christi est tranquille et que Ximénès s'occupe paisiblement de son commerce à Ponce. »

La petite monnaie de nickel fait 75 0/0 de prime contre papier-monnaie, c'est-à-dire qu'on vous donne vingt-cinq centimes pour une gourde. Si vous voulez de notre ancienne monnaie d'argent, frappée sous Hyppolite, et dont il reste un peu encore en circulation, il faut payer 100 0/0. Le papier de 1 gourde fait à son tour 5 0/0 de prime contre le billet de 2 gourdes. Il paraît qu'on a signé de préférence les billets de 2 gourdes, et que le stock, solde de l'émission de 10 millions, qui existe à cette heure à la commission, est en billets de 2 gourdes. De là, prime en faveur des billets de 1 gourde ; ces billets sont à présent de la petite monnaie, au regard de l'autre type.

Vraiment, personne ne pourrait soupçonner que ce peuple possédât une si grande puissance de souffrance. Jamais on n'a vu souffrir ainsi sans se plaindre. Elle est vraiment prodigieuse, cette résignation. Depuis des mois, des ans bientôt, il souffre de la faim, du manque de travail, de l'augmentation de toutes choses, de la cherté des vivres, de l'avilissement du papier-monnaie, et il ne dit mot. Il est vrai que s'il disait quelque chose, cela se compliquerait et cela serait pire. Ce n'est pas tout quand il a gagné péniblement une ou deux gourdes, car s'il se précipite tout de go au marché, pour acheter quelques patates, des bananes, un morceau de morue de trois centimètres de long sur deux de large — pour lequel on lui demande sept centimes — il risque encore de mourir de faim. On lui refuse net de lui vendre. Il faut qu'il fasse de la monnaie au préalable. Et quand, bien difficilement, après avoir couru çà et là, dans les boutiques d'alentour, il obtient ce bienheureux nickel, il constate avec douleur que l'escompte lui a pris les deux tiers de sa gourde... Telle est la situation du malheureux ouvrier, tel est le sort de la malheureuse ménagère haïtienne.

De là des divisions, des querelles, des rixes journalières au marché et dans les boutiques. Le peuple, simpliste, s'en prend surtout aux détaillants, et les accuse de raréfier la monnaie. Il saccage de temps en temps leurs boutiques, les maltraite et les assomme. Hélas ! ils ne sont pas responsables. Et les procédés dont on use envers eux ne font pas baisser l'escompte. Le coupable, c'est le gouvernement, dont la négligence nous vaut cette situation. Pourquoi ne l'avoir pas prévue et n'avoir pas commandé de suite les 600,000 gourdes votées il y a plus de six mois par le Corps législatif ? On dit qu'il fallait de l'argent. Hé ! On en jette tant, quand il s'agit de gaspiller, et on hésite quand il ne faut que 15 à 20,000 dollars environ pour procurer au Trésor 600,000 gourdes

de nickel ! Non, on ne saurait le croire. Il y a
plutôt là de la négligence, ou encore, cette sorte
de mauvais œil, qui écarte de nos gouvernements
les bonnes mesures, les poussant naturellement
aux mauvaises. C'est de naissance et de tradition.

M. Dalbemar Jean-Joseph est parti pour l'Europe, sans bruit ni trompette. Il y avait pas mal
de naïfs qui, à son arrivée, pensaient que sa présence allait imprimer une meilleure direction à
la politique. Où sont leurs illusions ? Le chef de
cette famille privilégiée, comme l'appellent le
Pacificateur et le *Nouvelliste*, est retourné au
poste qu'il occupe à l'étranger.

On dit qu'il a répondu à quelqu'un qui s'étonnait
qu'il ne restât pas pour prendre la haute direction
des affaires :

— Vous voulez donc que je me fasse écharper
par tous ces petits jeunes gens qui entourent le
général Nord ?

---

16 *octobre.*

Ce matin, la fête de l'Hôpital Saint-Alexis a eu lieu en grande pompe. Le vicaire général, M. Pichon, a fait un speech assez remarquable, dans lequel, sans manquer — loin de là — aux règles de la flatterie apostolique vis-à-vis des pouvoirs établis, il a été intéressant. Il nous a montré que ce n'était pas par servilisme, et parce que le Président s'appelait Alexis, que les réorganisateurs de l'hôpital l'avaient placé sous ce vocable.

— « Saint Alexis, s'écria-t-il, était un jeune homme fort beau, qui venait de se marier. Il allait rejoindre sa jeune femme dans la chambre nuptiale, quand Dieu lui commanda de partir pour des pays lointains et d'y porter sa foi. Il obéit sans même embrasser l'épousée. N'est-ce pas l'image du soldat ? Et quand vous avez choisi saint Alexis pour patron de cet établissement militaire, n'avez-vous pas voulu symboliser cette obéissance, qui est la gloire du soldat ? »

Un monsieur a murmuré assez haut, derrière moi, à cette démonstration de l'abbé Pichon, que, fort probablement, saint Alexis n'aimait point sa femme, qu'il avait appris quelque chose sur son compte, et qu'il s'était défilé à l'anglaise, tout comme vient de le faire M. Calman, le fiancé de Mlle Ritchie, la fille du lord-maire de Londres. Du temps de saint Alexis, la foi apostolique à porter aux pays barbares couvrait ces sortes de fugues.

A part cette remarque irrévérencieuse, la fête a été fort belle. Le Président était en bonne et joyeuse humeur, aux côtés de sa femme, qui paraît moins bien conservée que lui. Celle-ci était coiffée d'un *tignon* de madras puce, et portait un châle de soie blanche aux épaules. J'aurais préféré qu'il fût noir, en crêpe de Chine, et qu'on eût enseigné à la Présidente l'usage d'une modeste capote vieille-femme, ornée discrètement de quelques fleurs violettes. Il me semble que cela ferait mieux pour les grandes cérémonies. J'aime bien la couleur locale, mais décidément, on ne sait plus porter le *tignon*, ou, mieux, nos yeux ne s'y accommodent plus.

Après la bénédiction de la statue de saint Alexis, on est allé poser la première pierre du nouvel édifice. Le soleil commençait à chauffer. Je n'ai donc pas entendu le discours du ministre des travaux publics. Je suppose que je le lirai, si l'envie m'en prend, au *Moniteur* prochain. En attendant, je suis allé visiter les salles, les dor-

toirs. Ils sont fort bien tenus par les sœurs, et les
malades, couchés dans leurs petits lits en fer,
habillés proprement, font, autant que peuvent le
faire la souffrance et la douleur, bonne impression.

J'ai vu là un enfant de douze ans, doux et
résigné, admis sans doute à l'hôpital parce qu'il
était fils de militaire. Il se savait condamné. Je
ne sais comment il l'avait su. L'enflure, qui avait
commencé par les membres inférieurs, gagnait
maintenant rapidement le cœur. Encore quelques
semaines et tout serait fini. Il causait doucement
avec sa grande sœur, assise au pied de son lit, et
à qui on avait donné, ce jour, permission de le
voir. Il était heureux, content, fier même, de ce
beau monde, de ce spectacle dans lequel il sentait qu'il jouait son rôle, étendu dans sa couche.
Aucune tristesse dans sa conversation, plutôt une
sorte de rayonnement de voir tous ces gens s'arrêter devant lui avec des visages apitoyés et émus.

— Si j'étais mort il y a cinq jours, lors de ma
dernière suffocation, disait-il, je n'aurais pas vu
la fête. Et je crois bien que c'est cette envie de
la voir qui m'a empêché d'étouffer... Le Président
ne va-t-il pas passer devant les lits ? Je voudrais
bien regarder son visage, savoir comment il est

fait. On dit qu'il est le plus vieux des hommes d'Haïti...

La grande sœur le rassurait. Oui, le Président passerait devant les lits, mais il fallait rester tranquille, ne pas se tourmenter ainsi, de crainte d'être malade. Il répliquait qu'il se sentait fort pour aujourd'hui, presque guéri, et qu'il n'allait sûrement pas être repris par son mal avant la fin de la fête.

Je laissai ce moribond s'emplir ainsi allègrement les yeux, une dernière fois, du mouvement et de la vie des autres. J'allai à la pharmacie. Un aimable médecin m'y fit voir un bloc de 21 livres aussi dur, aussi résonnant qu'une grosse pierre, de forme irrégulière et rugueuse. On l'avait extrait du ventre d'une femme, qui, jusqu'à l'âge de quatre-vingts ans, vécut avec cet étrange pavé. Cela devait être, pour la malheureuse, un peu lourd à porter.

A côté de la pierre, au bout du petit comptoir, dans une grande cuvette de fer-blanc, un prodigieux fibrôme baignait dans l'alcool... A part ces deux objets, rien d'intéressant dans cette pharmacie. Elle paraît pourtant bien tenue, et assez bien pourvue.

Les vastes cours étaient encombrées de soldats,

de cavaliers, d'aides de camp, de généraux très galonnés. Cela faisait, dans la verdure des arbres, dans les terres fraîchement remuées et où l'on enfonçait jusqu'à la cheville — car il avait beaucoup plu la nuit précédente — fort grand effet.

Le soir, la fête a dû être belle, car l'après-midi s'est passé sans pluie. Ç'a été le premier beau soir de clair de lune de la saison. Des bouffées musicales, très avant dans la nuit, nous arrivaient à Turgeau, portées dans l'air étonnamment fluide. Le monde, du reste, qui était là, dans les cours de l'hôpital, pouvait boire, manger, danser, dépenser beaucoup d'argent aux comptoirs des dames patronnesses : c'était le monde officiel. Ne manquant de rien, il n'a pas l'air de soupçonner la misère du peuple. Quand, parfois, l'écho lui en parvient, il paraît quelque peu surpris. L'instant d'après il se ressaisit. Il éclate, il tonne que c'est de la conspiration, et qu'il saura faire taire cet écho indiscret dans le sang... A tour de rôle, chacun, affamés d'hier ou jouisseurs de demain, répète la même chose depuis cent ans.

19 *octobre.*

Dans le *Moniteur* de samedi 15 octobre, on lit un vibrant éloge du Président par M. Edmond Roumain, commissaire à l'exposition de Saint-Louis. Cet éloge est sous la rubrique : *Extrait d'un journal américain.* Lequel, par parenthèse ? Voici ce que dit le commissaire :

« Notre président est Nord Alexis, âgé de quatre-vingt-quatre ans, mais solide comme un jeune arbre, car il a passé une grande partie de sa vie en selle. Il est grand grand cultivateur aussi bien qu'homme d'Etat. Ce café-ci provient de ses terres. Son nom est sur l'étiquette.

« Voyez-vous, ce rayon de dentelles, de broderies et d'autres travaux à l'aiguille. Tout cela a été fait... Aussi, vous voyez que le gouvernement d'Haïti a à cœur le bien-être de son peuple, etc... »

Cela me rappelle que j'ai lu dans le temps un magistral portrait du chef de l'Etat, où l'auteur commençait ainsi : « Agé de quatre-vingt-quatre ans à peine, le général Nord... ». Mais il n'y a pas de rapport entre les deux narrations.

Dans l'*Echo de la République*, on trouve les paroles suivantes prononcées le 9 octobre au Palais national par le Président de la République :

« Messieurs, notre histoire est très simple au point de vue de la répétition des mêmes événements ; aussi, elle se passe de commentaires :

« Mais, depuis quelques jours, il est bruit que les exilés doivent opérer un débarquement à Port-de-Paix, ou sur un autre point. Ce fait provoque mon étonnement. Et, d'ailleurs, je ne puis pas croire que des Haïtiens puissent faire cause commune avec les consolidards pour empêcher que la République rentre en possession de ce qui a été frustré de son Trésor. Il ne faut pas perdre de vue qu'un pays sans argent est un pays sans avenir.

« Quand on peut reprendre l'argent qui a été détourné de la caisse publique, on ne doit donc reculer devant aucun sacrifice pour atteindre ce résultat. Les consolidards seront jugés, c'est un fait certain ; et, s'ils sont reconnus coupables, ils seront forcés de remettre l'argent du peuple qu'ils détiennent illégalement.

« Et pour cela, s'il faut que nous luttions, nous lutterons.

« Quand l'Etat rentrera en possession de ce qui

lui appartient, je pourrai peut-être faire grâce aux coupables ; car l'exemple sera tracé. Nous devons tous travailler à faire disparaître de l'administration publique ces grands scandales qui déshonorent un gouvernement et font honte au pays. Je suis fermement décidé à combattre, à outrance, n'importe qui se présentera pour éluder ce jugement. C'est une idée arrêtée chez moi.

« Je ne devrais même pas rencontrer tant de difficultés dans cette œuvre de salut, qui aura pour effet, de soulager la misère du peuple, et de replacer le pays dans une meilleure voie. Car aucun coupable n'a été épargné : les étrangers comme les Haïtiens doivent être poursuivis par la justice. C'est donc une œuvre sainte, et aucune perspective de prise d'armes ne peut m'effrayer. Je ferai la guerre, s'il le faut, — en temps de guerre, je ne me porte que mieux, — et je me laisserai plutôt ensevelir sur les ruines du Palais que de laisser porter atteinte à l'honneur national.

« Mon principal souci, à l'heure actuelle, c'est le règlement de cette affaire des consolidés. Et tout mon désir, c'est devoir mon successeur continuer dans cette même voie, en pourchassant toujours ceux qui gaspillent les deniers de l'Etat.

« Les finances du pays peuvent être bien

employées ; nous pourrions avoir chemin de fer, ateliers d'industrie, etc. Nous avons de belles plantations de café, de cacao, etc. ; et c'est un petit groupe qui en bénéficie, et non le peuple ! Il faut que cela cesse. On cherche à nous porter à nous entretuer, c'est l'œuvre des ambitieux, qui voudraient voir revenir l'ère des déprédations et du pillage et laisser le peuple dans la souffrance.

« Si le pays s'est trouvé embarrassé ces temps derniers, c'est que l'argent de la caisse publique passait dans les mains d'un petit groupe d'hommes.

« On a parlé de l'affaire Maxi Momplaisir. Mais le gouvernement avait la preuve que Maxi Momplaisir voulait empêcher le jugement des consolidards. Et s'il a trouvé la mort dans les circonstances que l'on sait, c'est que Dieu avait condamné son entreprise.

« Le pays est, jusqu'à présent, tranquille. Qu'on ne cherche pas à renouveler cette tentative. Car la répression sera sévère et unique dans nos annales ! »

Le Président aurait peut-être bien fait de se convaincre que personne, à moins d'être un citoyen malhonnête ou intéressé directement dans l'affaire, ne peut trouver mauvais que l'on fasse

le procès des consolidards. Ce qu'on reproche,
c'est cette triste administration infligée au pays,
c'est cette misère profonde, c'est surtout de nous
faire croire que ledit procès est une sorte de tarte
à la crème qui répond à tout, qui excuse tout, qui
permet tout.

22 octobre.

Les clairons et les tambours viennent de sus-
pendre leur tapage habituel de cinq heures du
matin, tapage que du Champ-de-Mars la limpidité du ciel porte sous ma fenêtre comme si c'était
dans ma cour même qu'on battait aux champs.
J'attends la grosse tasse de café bien fort et bien
noir qu'on m'apportera dans un instant. Dans
cette attente, j'ai déposé la plume, un peu impa-
tient du plaisir qui ne vient pas, qui tarde à mon
gré, du plaisir qui me réconfortera, qui me ragail-
lardira dans la continuation du labeur accoutumé.

J'ai bien envie d'ouvrir la porte de ma chambre
et, du palier, de crier au garçonnet : « Eh bien !
Cinéus, le café ne vient pas, ce matin ? » Mais
j'ai peur que, sous mon intempestive interven-

tion, il ne laisse pas assez bouillir l'eau et ne m'apporte, comme cela est arrivé quelquefois, une tasse de café ratée. J'attendrai donc. Toutefois, il faut que je prenne l'habitude de préparer moi-même mon café. Ce sera plus expéditif et moins énervant. Et, en attendant, comme il y a là, à portée de ma main, sur ma table de travail, quelques écrits parus ces jours-ci, je profiterai pour en dire un mot.

D'abord, M. Bijou, notre ministre des Finances, car, plus que jamais, M. Bijou revendique son titre. Il a fait paraître sa défense en une brochure intitulée : « *Cinquante-cinq jours de gestion.* » Elle a pour but d'établir que sa mise en accusation est le fait de la passion de ses ennemis et qu'il n'a pu commettre ni irrégularité, ni acte répréhensible durant ces cinquante-cinq jours, les ordonnances et les commissions de la Banque incriminées provenant de l'administration de ses prédécesseurs. Il affirme n'avoir fait que régulariser des opérations effectuées avant lui et par d'autres que lui. Puis il établit que le Sénat a commis une inconstitutionnalité en ordonnant son arrestation, attendu que l'article 119 de la Constitution délimite formellement les peines qu'il peut prononcer, et que c'est en vain qu'on invoquerait l'article 9 de la loi de 1871, ledit article ne pouvant détruire ce que la Constitution a établi.

Ensuite, M. Bijou déclare que, d'après les articles 54, 63 et 64, le Sénat ne pouvait s'assembler pour le juger, une fois la session close. C'était encore une nouvelle inconstitutionnalité. Et qu'enfin, la dernière session de la vingt-quatrième législature ayant pris fin, le Président de la République lui-même ne pouvait pas faire la convocation, attendu que l'article 63, toujours de la Constitution, ne parle de convocation extraordinaire que dans l'*intervalle des sessions.*

Bref, et en conclusion, il qualifie sa mise en accusation et son procès par le Sénat : *d'abominable comédie qui devait finir ainsi.* On sait, en effet, que le Sénat, prétextant sa minorité, s'est retiré le 28 septembre tout tranquillement et tout paisiblement à la queue-leu-leu de son Président.

M. Anténor Firmin a adressé une *Lettre ouverte aux membres de la Société de législation.* Aucun journal n'en a parlé, naturellement : M. Firmin est suspect. Il a beau faire suivre son nom de ses sept titres très pacifiques, et dont il affecte essentiellement de se parer, le public n'en retient qu'un autre, précisément celui dont il ne parle pas : *candidat à la Présidence*. Alors on évite, de peur d'embêtement, de prononcer son nom, bien que tout le monde y pense.

La lettre ouverte traite du bail emphythéotique. Est-il interdit à l'étranger, par l'article 6 de notre Constitution et par notre Code civil ? M. Firmin ne le pense pas. Et il cite, de mémoire, fait-il remarquer, des extraits assez arides de plus de cent auteurs qui confirment les différents dires de son argumentation. Il accomplit ce tour de force mnémonique parce qu'il n'a pas sa bibliothèque à Saint-Thomas. La Société de législation pense, au contraire, que l'esprit et la lettre de la Constitution sont, dans la thèse, absolument opposés au bail emphythéotique qui n'est, au fond, qu'une sorte de possession du sol. Sans se prononcer dans le débat, on peut cependant, *ex-abrupto*, penser que la Société de législation est dans le vrai : il n'a pas pu entrer dans la tête de nos législateurs de permettre, sous une forme déguisée, ce qu'ils dénient *au blanc* d'une façon si formelle et si absolue... A noter que je suis pour la radiation radicale de cet article 6 de notre Constitution qui n'a pas sa raison d'être, qui est actuellemenet une absurdité et un non-sens: Pas notre Constitution, l'article 6, qui dénie le droit de propriété *au blanc.*

Il restera à M. Firmin, s'il arrive un jour à la tête du pays, de mettre sa pensée en harmonie avec la loi constitutionnelle, non plus d'une façon bâtarde, par la porte entr'ouverte du bail emphythéotique et autres demi-moyens, mais carrément, franchement, par la radiation pure, simple d'une exclusion ridicule, inutile, funeste.

Enfin, M. Antoine Laforest, journaliste et récemment consul d'Haïti à Kingston, a fait paraître un volume d'*Impressions et souvenirs de la Jamaïque.*

C'est un livre sans grande valeur littéraire, mais bien intéressant et qui pourrait nous être très utile si nous pouvions avoir un retour sur nous-mêmes. Car combien les *citoyens* (ce sont les expressions de M. Laforest) *nés pour débiter les discours civiques, sur l'autel de la Patrie, à l'ombre du vert palmier,* gagneraient à l'écouter, à l'entendre, à le comprendre !

Tout le temps, il parle de développement agricole, de bonheur, de civilisation, de richesses, de bien-être, grâce à l'effort de chacun tendu vers ce seul but : le travail. Ce tableau de l'île voisine, décrite avec conscience, devrait nous inspirer enfin le souci, en faisant un tout petit peu d'administration, d'améliorer la situation lamentable de notre pays. Il suffirait, si nous en étions encore capables, d'un soupçon de honte pour accomplir le miracle... Hum ! peut-on espérer cette légère impression-là sur nos âmes et nos visages endurcis dans le mal, sur nos lèvres adulatrices, vénales, qui, profanant chaque jour des mots pour lesquelles ailleurs on meurt, parlent de *patrie*, de *patriotisme*, de *dévouement à la chose publique* quand il s'agit de pîtres, d'histrions, d'ignorantissimes coquins !

Cependant, il ne faut pas désespérer quand il s'agit de sa patrie. Il faut croire, encore croire, toujours croire ! Cette leçon de faits, tracée vigoureusement par l'écrivain, ne sera peut-être pas entièrement perdue pour quelques-uns, nous voulons l'espérer. Signalons, en attendant, quelques passages des *Impressions et souvenirs* :

Page 58 : « Généralement, presque tout le monde, dans les villes et les villages, sait lire et écrire, ce qui, avec la liberté absolue de la presse, donne lieu au fort tirage des journaux. C'est merveilleux pour un petit pays comme la Jamaïque ; c'est la consécration éloquente du progrès incontestable et enviable de nos heureux voisins. »

Page 61 : « Vraiment, la besogne législative, chez nous, avec toutes ses castrations de la législation, tous ses errements, ses basses et sordides passions, sa goinfrerie dans la corruption, sa félonie, sa cécité totale de l'idée de gouvernement, nous fait bien cet effet-là ! »

Page 79 : « Il y a à l'entrée du port, au Folley Point, un phare à feu fixe et rouge dont le droit est de la *moitié d'un centime* par tonne, enregistrée, pour chaque entrée. Il est à noter que c'est pour ce phare seulement que le droit s'impose, à l'occasion de *chaque entrée* ; parce que pour tous les autres, le steamer paye une seule fois, tous les trois mois. »

Aussi, de puissantes lignes de bateaux à vapeur, de nombreux navires fréquentent journellement les ports de Kingston et de Port Antonio, tandis que chez nous le mouvement maritime baisse de plus en plus. Il fait trop cher de nous visiter, grâce à nos droits de phare exorbitants. Bientôt même, nous ne saurons plus comment aller directement en Europe quand les steamers de la Compagnie Française des Antilles, vétustes depuis longtemps, auront fini de pourrir.

L'exemplaire de l'ouvrage de M. Antoine Laforest, à moi adressé, porte la dédicace suivante :

« A mon illustre ami, notre plus grand littérateur, qu'Haïti devrait décorer pour son immortel *Thémistocle-Epaminondas-Labasterre*, tout le profond témoignage de ma plus grande admiration et de ma sympathie la plus vive ; à mon cher Frédéric Marcelin. » Antoine LAFOREST.

Le dédicaceur va loin dans la louange hyperbolique, je ne l'en remercie pas moins. Reste à savoir si la postérité ratifiera la moindre parcelle de ce jugement. Je n'ai pas cette outrecuidance d'en rien croire. Il n'est pas même certain que M. Laforest, avant la fin de sa journée, n'aura pas changé d'avis...

---

27 octobre.

Il y a disette absolue de nouvelles. Il faut se rabattre sur les anecdotes, les historiettes sans valeur. En voici trois, assez pauvres d'ailleurs :

Un gros personnage du corps diplomatique dit un matin à sa cuisinière : « Il me faut à déjeuner un lapin pour après-demain. J'ai invité le général X..., et je veux lui faire manger du lapin. »

La cuisinière objecta qu'il ne s'en trouvait pas au marché, que l'article était rare, séditieux depuis que le gouvernement s'était avisé qu'on en faisait l'emblème de sa politique vis-à-vis des héros de 1804, envers lesquels, comme chacun sait, il avait pris des engagements plus fermes encore que ses prédécesseurs. Le diplomate, habitué à ne pas trouver de bornes à sa volonté — c'est comme cela en Haïti — répliqua que ce n'était pas son affaire, que, séditieux ou non, il lui fallait un lapin pour le faire manger au général.

Cruelle perplexité de la cuisinière... Heureusement, un sénateur, en visite depuis environ dix mois à la légation, entendant cette conversation, se précipita et demanda la permission d'offrir au représentant diplomatique, parmi les cinq ou six qui lui restaient encore, un lapin de sa basse-cour. Le ministre rayonna et remercia très aimablement. Mais le lendemain matin, au Palais, sur le petit balcon, le Président dit au général :

— Ah ! vous déjeunez demain à la légation de... Mes compliments.

— C'est vrai, Excel'ence. Et j'allais vous le dire quand vous m'avez devancé.

— Je vous annoncerai même que vous mangerez du lapin, offert par le sénateur Z... pensionnaire de ladite légation depuis dix mois par rapport à l'affaire des Consolidés.

Le général réfléchit et prononça :

— S'il en est ainsi, je ne mangerai pas de ce lapin-là !

———

Grand émoi, ces jours-ci à la Présidence. Un haut personnage avait déposé sur la table du Conseil une patate monstre qui avait été *fouillée* sur son habitation en plaine. Il attendait respectueusement, un peu chatouillé à l'avance, les éloges du chef de l'Etat ; de fait, on n'avait jamais vu, de mémoire de cultivateur, une patate aussi phénoménale. Chacun s'extasiait. Le Président, sourcilleux, ne disait mot. A la fin, il laissa tomber :

— Alors dans le Nord on n'en peut pas avoir de plus grosses, ni même de semblables. L'Ouest nous bat donc, messieurs.

Tout de suite, chacun se récria. Comment donc ! cette patate était vulgaire. On en voyait comme ça aux environs du Cap, dans les moindres habitations. Et ailleurs, dans les importantes, elles sont deux fois plus grosses. Chez le Président, par exemple, on en voit de véritablement extraordinaires. Celle-ci n'est épatante que pour l'Ouest. Sans doute, Monsieur n'a jamais voyagé et ne connaît pas le Nord !

L'homme dut remporter sa patate dont on ne voulut même pas pour la cuisine.

Un brocanteur est allé proposé hier les dix-sept volumes du grand Larousse à un de nos maîtres du jour. Il vantait l'excellence de la marchandise, son bon marché excessif qui mettait les volumes à dix gourdes, soit à peu près huit francs pièce.

— Que voulez-vous, mon cher, dit l'homme d'Etat, que je fasse de cela ? Qu'ai-je besoin de livres ? Ne suis-je pas arrivé sans cela ? Peut-être même à cause de cela ? Je serais bien bête d'abandonner la méthode qui m'a déjà donné de si beaux succès...

Le monsieur qui avait raconté ces historiettes ajouta assez dogmatiquement :

— La première établit que l'espionnage est en

plein épanouissement : l'autorité sait, à un hareng près, ce que chacun mange, même dans les maisons diplomatiques. La deuxième démontre que le servilisme et le localitisme sont à leur apogée. La troisième, enfin, atteste que l'ignorance étant notre idéal officiel, chacun doit y aspirer de toutes ses forces afin d'être à la hauteur. »

Cependant, c'est toute l'histoire d'Haïti, et ce n'est pas seulement d'aujourd'hui.

---

4 novembre.

Ce matin, on a publié l'arrêté du Président de la République qui complète le ministère ; M. Constant Gentil est nommé aux finances et M. Deslandes à l'intérieur. Rien de nouveau à la situation.

---

6 novembre.

On dit que le restant de l'émission a été absorbé par les dépenses des derniers mois. Les plus généreux prétendent qu'il ne reste encore que 8 à 900,000 gourdes. De janvier à novembre, on aurait donc consommé les 10 millions. Que va-t-on faire ? Là est la question. Va-t-on songer à une nouvelle émission ? Est-elle possible dans la situation actuelle ? Et puis chaque année il faudrait y recourir. Pense-t-on que la nation, en dépit de sa longanimité, s'accommode de cet état de choses? Il n'est pas possible de songer à l'émission. Alors quoi ? Comment faire ? Pour trouver de l'argent il faudrait recourir à l'étranger en lui donnant dit-on, le contrôle de nos douanes. Il me semble — est-ce encore une illusion ? — qu'une dernière pudeur empêchera un gouvernement à qui on a volé 10 millions de gourdes, de penser à un tel acte. Et puis, qu'on y songe, le contrôle des douanes par l'étranger, c'est l'ordre, la régularité dans la perception, dans toute l'administration. Seulement, c'est l'ordre forcé, obligé, c'est la régularité imposée. Et pourquoi alors ne les établirions-nous pas nous-mêmes ? Pourquoi, après un siècle de folies, de joies meurtrières, de plaisirs homicides, ne dirions-nous pas : « Assez badiné! Nous fûmes prodigues et vicieux. Voici l'heure de s'amender ou gare la maison de correction et la tutelle ! La gourme a été jetée. Voici qu'il faut être virils, laborieux, pour refaire le patrimoine hypothéqué ! »

On a vu de ces résolutions héroïques souvent chez des individus et parfois chez les peuples. On dit que c'est quasiment impossible quand ces derniers ont été lentement dévorés par ces deux plaies : l'armée permanente et la guerre civile. Est-ce bien vrai ? En établissant l'ordre, la régularité dans l'administration, en diminuant les dépenses, en proscrivant le gaspillage, on pourrait faire face à la situation sans recourir au contrôle de l'étranger. Il y va de notre bonneur d'être notre propre tuteur.

Hélas ! où peut-il se trouver l'homme qui fera entendre au pays la parole salutaire ? Ce n'est pas le vieillard centenaire qui, entouré de ses *bassins rodos*, comme le peuple appelle les favoris, voit dans le papier-monnaie la panacée universelle et dans le procès des *consolidards*, au lieu d'une œuvre de justice et d'épuration morale, que la restitution de quelques milliers de dollars, qu'il pourra dépenser pour l'armée et pour sa politique... Son armée, ses soldats, sa politique, c'est-à-dire sa défense par tous les moyens contre les convoitants du dehors et du dedans, tel est son idéal. Il n'en saurait avoir d'autre. Il n'est pas responsable, au fait, de n'en avoir pas d'autre.

7 *novembre.*

Un membre de la commission d'enquête racontait ce matin que les nouvelles instructions qui devaient être données à ses collègues et à lui, en dehors de l'emprunt de 1896, comportaient l'examen des feuilles 1902 et 1903. Mais, samedi, cette partie des instructions envoyée au Cabinet du Président pour la signature fut biffée et retournée ainsi au ministre des finances pour être recopiée.

Donc la commission n'investiguera pas sur les feuilles arriérées. Et ce matin, lesdites feuilles — celles de 1902, puisqu'il n'en existe plus une seule de 1903 — de 10 0/0, taux où elles étaient samedi, sont montées à 30 0/0. On les recherche avidement, et de tous côtés. Il est bruit qu'on continuera à les payer à quelques personnes influentes, comme par le passé. De là leur renchérissement subit. Les dernières gourdes de l'émission vont filer vite ! Cependant, il faut solder les concours, il faut distribuer des dons de joyeux avènement. Il paraît que tous les ministres actuellement sont forcés de passer par là. On cite des chiffres. Aujourd'hui, on se contente de l'escompte gagné sur les feuilles arriérées. Naguère, c'est-à-dire il y a un an, dix-huit mois, deux ans, il fallait s'acquitter en bonnes et valables gourdes. On parle d'un ministre qui, dès le lendemain de son arrivée aux affaires, eût à acquitter un engagement ferme de trente mille gourdes.

———

M. E. Deslandes, ministre de l'intérieur, a fait une circulaire aux commandants d'arrondissement. Notons cette phrase : « En maintenant l'ordre public, il est toujours facile, à qui se rend bien compte de l'essence de l'autorité, de ne commettre aucun abus. Afin de vous faire obéir, soyez le premier applicateur de la loi. C'est la meilleure condition de l'ordre intérieur. »

Il faut espérer que ce n'est point là de la pure rhétorique. Attendons pour juger. Cela ne tardera guère, je pense. Et on verra alors si cette essence de l'autorité, n'est pas la drogue traditionnelle. Du reste, cette semaine, il est beaucoup question d'essence, car dans ce même *Moniteur* du samedi 5 novembre, où se lit la circulaire du ministre, on trouve dans un rapport de la commission chargée de vérifier la comptabilité du réseau télégraphique terrestre cette phrase :

« L'essence de l'administration, a dit Solon, l'un des sept sages de la Grèce, consiste en deux choses : la récompense et le châtiment ; la récompense lorsqu'on sait aller à la peine sans mot dire et le châtiment quand on se révèle mauvais serviteur. »

O Solon ! sage de la Grèce, que viens-tu faire en cette galère ? Que tu aurais mieux fait, en tout cas, de nous inspirer dans le temps de ne pas racheter ce réseau 1 million de dollars 1 Nous n'aurions pas eu ce nouvel aliment à la fantaisie de nos comptables. Il est vrai que tu aurais perdu l'occasion d'être appelé en témoignage.

9 novembrbe.

M. C. Gentil, le nouveau ministre des finances a fait ce matin, à onze heures, une réunion chez lui des banquiers, commerçants, agents de change, etc. Tout le cabinet était là. Et il a eu bien soin de dire qu'il parlait au nom du gouvernement, au nom de ses collègues. Il a vanté l'entente, l'union qui fait la force. Il a dit qu'il désirait marcher de cœur avec le commerce. Enfin, il a porté un toast, dit-il, à ce triangle le Patriarche, le Commerce, la Banque ! — Tout le monde a trinqué. On est parti enchanté. Le change est resté stationnaire, même a haussé de 2 points à 460 0/0.

———

10 novembre.

On voit paraître depuis quelque temps au *Moniteur* des avis de contrats auxquels le public n'était pas habitué : par sa volonté, sans vote des Chambres, le gouvernement, tantôt lui apprend qu'il a concédé des mines de cuivre, de charbon de terre, tantôt qu'il a autorisé le chemin de fer de Gonaïves, tantôt qu'il a, pour des périodes de neuf années, accordé le droit de couper les bois et arbres de toutes sortes dans les départements du Nord, de l'Artibonite ou du Sud jusqu'à 15 kilomètres dans l'intérieur des terres, à compter du rivage.

C'est le pays adjugé, déchiqueté, sectionné, mis en lotissement. Il serait bon de savoir sur quelle loi, sur quels antécédents les ministres se basent pour agir ainsi.

———

11 novembre.

Le *Pacificateur* fait un grand éloge des nouveaux ministres. Il déclare que ce n'est pas un simple replâtrage que le Président a voulu faire, mais bien solidifier, consolider son cabinet. C'est ce que le public pense aussi. Mais le *Pacificateur* et les autres journaux du gouvernement oublient vite qu'ils demandaient, il n'y a pas longtemps, une refonte complète. Ils ne voyaient que dans cette refonte, et en changeant complètement de programme, la possibilité d'améliorer la situation.

13 novembre.

Je viens de parcourir les deux actes d'accusation (titres bleus et titres roses) de l'affaire de la consolidation. Il y a là de longues tirades et des comparaisons métaphoriques inoubliables. A signaler quelques-unes au courant de la lecture.

« — Haïti, le vilain taillable et corvéable de cette féodalité financière du vice, non moins cruelle que celle du moyen âge, qui laissait mourir de faim le serf sur la glèbe, étant donnée la condition misérable à laquelle elle a réduit notre société.

« — Ce fut, tapi dans l'ombre, accroupi dans l'obscurité dans laquelle se cachent d'ordinaire tous les êtres malfaisants pour nuire que... par deux lettres confidentielles, comme elles le sont presque toutes dans cette formidable concussion, donna l'ordre de prélever comme double commission cette forte valeur de 640,000 dollars, une fortune ! Le crime de Judas ne lui avait rapporté que trente pièces d'argent !

« Ces accusés... polis et repolis par la grande civilisation européenne, ont inauguré chez nous l'aristocratie du vol.

« Pour la première fois que cette haute association du vice, que cette élite du crime a opéré chez nous, elle s'est abattue sur nos finances comme un fléau dévastateur. On ne peut la comparer qu'à ces nuées de sauterelles qui ravagent les champs qu'elles traversent, à la razzia arabe qui fait le désert dans toutes les cités où elle entre en vainqueur. Cette ligue du crime finirait en effet par tout prendre ; il ne serait plus rien resté de nos finances si, pareille à la main mystérieuse du festin de Balthazar, la main juste et sévère du Président Nord Alexis n'était pas venue tracer les mots fatidiques : le *Mané, Thécel, Pharès* qui a mis un terme à ces déprédations scandaleuses et inouïes, à cette véritable orgie financière..

« — Pour se justifier des crimes dont il est l'auteur et qui dénotent chez lui le prurit et la démangeaison du vol et que lui donnent les âmes de tous les grands voleurs morts réincarnés en lui, il a débité...

« — La vérité, la vérité qu'il a tant de fois outragée, est que cet accusé amphibie, à ce moment-là secrétaire d'Etat de la guerre et de la marine, pillait à la fois sur terre et sur mer, écumeur d'un genre nouveau, deux fois pirate cynique, d'autant plus héroïque dans ses coupables exactions, dans ses exploits criminels qu'il n'a pas d'ennemi devant lui.

« — Les accusés, qui ont reculé les colonnes d'Hercule du monde connu du vol, parmi lesquels figure le beau sexe dans la personne de Mme.....

« — La Banque, qui depuis sa création, pareille à la pieuvre, pompe notre sang, c'est-à-dire notre or, avec ses tentacules, partout où elle les applique, n'aurait pas manqué de fournir des généraux à cette légion du vice et de la corruption...

« — O honte ! ô infamie ! pas un honnête

homme, pas un seul dans cette collection d'hommes d'Etat n'en ayant que le nom, dont quelques-uns, dérision des dérisions, ironie des ironies ! appartiennent à une autre légion, la Légion d'honneur, et portent sur la poitrine les crachats que la postérité leur lancera sous une autre forme à la face.

« — La consolidation, transformée par les accusés en cheval de Troie... La République haïtienne, la patrie... reprend peu à peu ses forces pour accomplir, en dépit de leur œuvre infernale et maudite, ses mystérieuses destinées... »

On peut remarquer que, depuis quelque temps, les grands actes ne trouvent plus, pour correspondre avec eux, les grands mots. Ainsi il n'est resté de la célébration du centenaire qu'un verbiage incertain et creux. On peut craindre qu'il n'en soit de même de la consolidation. De ce grand procès, de cette revendication de la vertu sur le vice, il est fort probable qu'il n'en demeurera que quelques phrases ronflantes et insuffisantes.

16 novembre.

Je lis une page éloquente où l'auteur célèbre avec lyrisme les merveilles de la civilisation. On sait que nous avons pour elle les plus beaux enthousiasmes platoniques. Finalement, il s'écrie : « Puisse le flambeau de la civilisation, que les peuples gardent comme jadis, à Rome, les vestales gardaient le feu sacré, pour se le passer de main en main, nous échoir à notre tour un jour ! »

O métaphore ! voilà de tes surprises ! Et il faut se moquer de soi, être vraiment fou pour parler ainsi. Il n'y a pas de patriotisme qui tienne pour excuser une si abracadabrante hyperbole. Justement, le patriotisme devrait inspirer un langage contraire. Aveugle, qui ne voit pas que les derniers rayons de la civilisation sont en train de mourir dans cette nuit profonde, envahissante qu'aucune métaphore ne peut dissiper !

Nul peuple, au monde, n'abuse autant que nous et avec plus de mauvais goût, de cette figure-là. Si ailleurs elle n'est qu'un jeu innocent pour parer, farder la vérité, elle est ici le

mensonge même : notre hideuse fusillade appliquée à tout propos, est restée le *glaive de la loi !*
Or, il y a un autre flambeau, dont nous ne nous
vantons guère et que nous entretenons avec
une tendresse vraiment filiale, c'est celui de nos
discordes civiles. Ce flambeau est le seul qui ait
joué, à proprement parler, un rôle dans notre histoire. Nous nous le transmettons pieusement de
père en fils, et pour perpétuer nos ressentiments,
recommencer nos tueries, incendier nos villes.

Nous avons fermé notre centenaire en rasant
Petit-Goâve. Nous avons commencé le nouveau,
juste au moment où le canon de l'indépendance
retentissait, par quelques bonnes fusillades. On
ne peut pas dire, après cela, que nous avons
manqué à la tradition. Nous avons voulu rester
et nous sommes restés d'accord avec le sens de
notre histoire. Cela promet évidemment pour
l'avenir.

Tout de même, il faudrait, avant de parler de
civilisation, se décider à l'éteindre, cette torche
nationale, ce feu sacré que jamais vestales antiques ne gardèrent avec autant de vigilance. Car
il conviendrait de constater sérieusement, sans
métaphore, sans hyperbole, que depuis cent et
un ans que nous nous consumons sans relâche,

il ne nous reste maintenant que les os. Et
encore ils sont en bien piteux état...

———

21 novembre.

Les jours passent. Le 28, date fixée pour le
procès des consolidards, approche. Il paraît, rien
que du côté de la défense, qu'il y a plus de deux
cents témoins. Mais on a aménagé une nouvelle
salle qui, dit-on, pourra contenir un millier de
personnes. On affirme que de grandes mesures
militaires seront prises. L'autorité est hantée du
cauchemar — ou elle fait semblant de l'être —
que des individus tenteront un mouvement pour
enlever les accusés ou pour empêcher le procès.

———

22 novembre.

Hier, le change avait fermé à 465. Ce matin,
aux premières heures de l'ouverture, les cours
de la veille s'étaient maintenus, et on avait commencé quelques opérations à ce taux quand,
soudain, comme une traînée de poudre, ce bruit
circula : « Le gouvernement s'est entendu avec
la Banque ! La baisse ! la baisse ! » Le change

s'écroula à 440. Les courtiers se précipitèrent affairés, courant en tous sens, répandant ou démentant la nouvelle. Les plus extraordinaires racontars se débitèrent. On parlait d'entente signée, acceptée par le Président, en conseil des ministres, de responsabilité de la Banque complètement dégagée dans le procès des consolidards, de service de la Trésorerie intégralement restitué, d'emprunt consenti, de change *ne varietur* désormais à 400 0/0. Deux courtiers, porte-voix autorisés, garantissaient ces mesures, et d'autres encore, aux banquiers de la place. Pour preuve, concluaient-ils, le directeur de la Banque a passé de longues heures en tête-à-tête avec le ministre. Et l'on baissait, l'on baissait encore.

Je crains bien que l'on introduise, grâce à ces courtiers, un système de hausse et de baisse subites, sans rime ni raison, qui sera, à la longue, mortel à cette place, déjà si éprouvée.

---

                              23 novembre.

Aujourd'hui, petite journée des dupes ; on a ouvert en hausse. L'arrangement, disait-on, n'avait pas réussi. Les grandes lignes du contrat avec la Banque étaient rompues... Des amis étaient montés au Palais et avaient fait comprendre au Président que ce n'était pas au moment où le procès allait s'ouvrir qu'il fallait s'entendre avec la Banque. Bref, le change, de 440, avait regrimpé à 465. L'après-midi, ç'a été une autre chanson : le directeur de la Banque était allé au Palais, avec le ministre, voir le Président, lequel, enfin, s'était décidé et avait donné son acquiescement. Le change est retombé à 445, et on affirme que cette fois, décidément, le courtier principal qui a mené toute l'affaire encaissera la haute paye promise.

————

26 novembre.

L'ancien ministre de l'intérieur, M. Emmanuel Thézan a fait paraître une brochure intitulée *Ma justification.* Elle est bien et sobrement écrite. L'auteur entreprend de réfuter l'accusation qui pèse sur lui et pour laquelle il sera jugé par contumace la semaine prochaine. Les débats du procès des consolidards, vous le savez, s'ouvriront lundi, 28 du courant.

Voici quelques extraits de la brochure :

« Quant à la déclaration de M. Greger au sujet du prétendu faux commis par Killick, et dans lequel on veut m'englober, elle est apocryphe et ne supporte pas l'examen. C'est M. Greger lui-même qui a été aux États-Unis choisir et acheter les articles commandés et destinés à son établissement et c'est lui-même qui les a rapportés en Haïti. S'il y a eu fraude, irrégularité, faux, il en est à la fois un des auteurs et le complice, chose qu'ont oubliée ceux qui l'ont poussé à commettre la mauvaise action de charger un mort, qui a été son bienfaiteur et qu'il n'oserait certes pas accuser de son vivant. Pourquoi aussi M. Greger aurait-il attendu si longtemps pour faire ces déclarations, si, réellement, on avait contrefait sa signature ? Ne voit-on pas que ce malheureux obéit à une consigne donnée et qu'il sert d'instrument aux passions dont on retrouve partout la trace dans cette affaire ? Il est aisé de rejeter tous les péchés d'Israël sur Killick, maintenant qu'il est dans l'éternité, et qu'il ne peut se défendre ni sortir de la tombe pour venir confondre ses accusateurs ! Un pareil procédé répugne aux hommes de cœur, mais qu'il est doux et familier aux lâches. »

. . . .

« Et voilà sur quoi on s'est basé pour diriger contre moi les persécutions qui sont devenues la fable de la ville et l'objet de toutes les conversations. On a poussé l'acharnement jusqu'à mettre le feu à ma maison en mon absence, et à renouveler deux fois ces tentatives criminelles, sans qu'aucune mesure n'ait été prise pour empêcher en pleine capitale des actes aussi blâmables ! »

. . . .

« On ne me fera pas croire un seul instant que le Président Nord Alexis puisse permettre de transformer l'œuvre de régénération nationale dont il a fait le but de sa vie en un instrument de destruction, de perfidie au service des passions, des appétits et des rancunes, contre le repos, l'honneur, la fortune et l'existence des citoyens. C'est donc plein de confiance que j'attends la décision qui doit mettre fin à l'intolérable situation qui m'est faite depuis quatre mois. »

————

27 novembre.

Il y a un procès qui s'est jugé ces jours-ci au tribunal criminel et qui mérite peut-être qu'on en parle. Il est relaté en ces termes dans deux numéros du quotidien : *Le Soir.*

Du 22 novembre :

« L'AFFAIRE DU « HOUNGAN »

AU TRIBUNAL CRIMINEL. — UNE AFFAIRE SENSATION-
NELLE. — LE « HOUNGAN » ET SES SIX COM-
PLICES. — DÉTAILS RÉTROSPECTIFS.

« Ce matin, le tribunal criminel juge les nommés Saint-Elme Saint-Surin, Horace Serverin,
Dieudonné Blaise, Lucile Delvezile Bazile, Caristide Brunache, Paulinette Hyppolite et Coralie
Décayette, prévenus, le premier comme auteur et
les autres comme complices, de séquestration de
la mineure Mercédès Fortuné, d'homicide volontaire sur sa personne avec préméditation et, par
suite, de sortilèges et autres actes de barbarie.

« Rappelons les faits, pour bien fixer l'esprit de
nos lecteurs.

« Mercédès Fortuné avait été confiée par sa
mère, Petite Louise Doudou, à la nommée Philomène, sa parente. Peu de temps après, elle fit la
connaissance de Saint-Elme Saint-Surin, qui
entretenait un « hounfort » dans les hauteurs de
la rue de l'Abreuvoir, au Bel-Air. Pressée par ce
dernier, Mercédès quitta la maison de Philomène
et s'inféoda dans l'association Saint-Elme.

« Le 5 décembre 1903, Petite Lise Doudou

apprend que sa fille était malade, atteinte de blessures. Elle se rend chez Saint-Elme pour s'assurer du bien-fondé de la nouvelle, mais celui-ci la rassure et lui dit que sa fille s'était rendue à Léogâne.

« Le lendemain, un dimanche soir, le prévenu Horace Serverin vint annoncer à Lise la mort de sa fille ; affolée, elle court chez Saint-Elme et là, elle surprend quelques habitués du « hounfort », l'air inquiet, se parlant à voix basse. Ils étaient armés de torches de pin allumées et faisaient bouillir des feuilles dans une grande chaudière qui était placée sur un feu ardent.

Elle pénètre dans la chambre et y trouve le corps inanimé de sa fille déposé devant le lit. Elle soulève la couverture qu'on avait jetée sur le cadavre et constate sur le corps des traces de brûlures et même des *coups de manchettes*, ajoute-t-elle.

« Malgré les supplications et les promesses de Saint-Elme, elle avise l'autorité, qui se transporte sur les lieux et fait procéder à l'arrestation des coupables.

« Voici la composition du jury de ce jour :

« Morice Desravines, président ; Roc Pierre, Louis Delva, William Benoît, Boyer fils aîné, D^r

V. Bouchereau, Laporte. Louis Ethéart, Adolphe Canal, Louis Anacréon, A. Isidore, Drossaint Lilavois.

« Assistance considérable, dans laquelle on remarque M⁰ Allem (1) et de nombreuses notabilités. Après un retard causé par le juré Laporte, l'audience s'ouvre à midi.

« Le juge doyen Saint-Rome procède à l'interrogatoire des accusés. Voci leurs réponses à cette question : « Quels sont vos noms, âges, etc. ? »

« Saint-Elme Saint-Surin, vingt-quatre ans, menuisier, né à Port-au-Prince, etc.

« Paulinette Hyppolite, quarante-huit ans, marchande publique, née à Port-au-Prince.

« Horace Serverin, vingt-six ans, peintre-décorateur, né à Port-au-Prince.

« Dieudonné Blaise, vingt et un ans, cordonnier et *allumettier*, né à Port-au-Prince.

« Lucile-Delvezile Bazile, ignorant son âge, sans profession, née à Aquin (c'est une accusée presque anonyme).

« Caristide Brunache, vingt-trois ans, repasseuse, née à Petit-Goâve.

____

(1) Avocat-conseil de la Banque d'Haïti.

« Coralie Décayette, vingt-huit ans, couturière, née à Port-au-Prince.

« Au banc de la défense se trouvent Mes Michel Oreste, Seymour Pradel, Léon Liautaud, Fernand Dennis, Ch. Bouchereau, Léonce Coustard, François Mathon et Montasse.

« La partie civile est représentée par Mes Chérimond César, Amilcar Duval et Dyer.

« Esquissons en quelques mots la physionomie du principal accusé.

« Saint-Elme Saint-Surin, le chef du « houn- « fort » est un rougeaud, petit de corps, ayant un soupçon de moustache et une barbe naissante. Vêtu d'un paletot de drill bleu et d'un pantalon blanc à raie bleue, ce jouvenceau fait l'effet d'un lycéen qui aurait à peine quitté les bancs de l'école.

« Ce n'est certes pas sous cet aspect que nos lecteurs se représentent un « houngan ». Voilà encore ce qui prouve que l'apparence est trompeuse.

« Au moment où paraît notre journal, le substitut Odilon Séjourné développe son acte d'accusation.

« A demain la suite. »

Du 23 novembre :

« L'AFFAIRE DU « HOUNGAN »

« SUITE DE L'AUDIENCE D'HIER. — DÉFILÉ DES TÉMOINS.
— LE VERDICT. — LE « HOUNGAN » ET
SA MÈRE CONDAMNÉS A LA
PEINE DE MORT.

« Hier, après le lumineux exposé des faits de l'accusation, on procède à l'audition des témoins.

« Est appelée à la barre la nommée Petite Louise Pierre, dite « Doudou », âgée de quarante-quatre ans, mère de la victime. En raison de cette parenté, elle est entendue à titre de renseignements.

« Elle raconte comment elle a appris le malheur arrivé à sa fille, les démarches inutiles faites auprès de Saint-Elme pour savoir la vérité ; les dénégations et protestations de ce dernier qui, pour la rassurer, parvint à la persuader que Mercedès était à Léogâne. Le lendemain, Horace Severin vint lui apprendre la mort de sa fille. Elle a affirmé avoir constaté sur le cadavre des traces de brûlure et de coups de manchettes.

« A ce moment-là Me Chérimond César demande au tribunal de lui donner, à lui et à ses confrères A. Duval et E. Dyer, acte de leur constitution comme partie civile.

« Me Michel Oreste, avocat de Saint-Elme, proteste, et le tribunal décide que l'acte demandé sera accordé après l'audition complète de la plaignante.

« Les jurés posent plusieurs questions et, finalement, le doyen Saint-Rome décide de garder la plaignante pour, au besoin, la confronter avec d'autres témoins, et donne à ses avocats acte de leur constitution comme partie civile.

« Nouvelles protestations des avocats de la défense. Me Oreste déclare qu'il posera des conclusions écrites.

« Il est deux heures de l'après-midi, l'audience est suspendue et est reprise à quatre heures.

« Me F. Mathon dépose ses conclusions. Il conteste à Petite Louise Pierre, dite « Doudou », sa qualité de mère de Mercedès.

« Me Chérimond César déclare que, ne voulant pas éterniser les détails sur cet incident, il consent à communiquer l'acte de naissance de Mercedès.

« Enfin, après avoir entendu les observations de Me Oreste, de Me Dyer, et le réquisitoire du substitut O. Séjourné, la Cour rend un jugement sur l'incident, en maintenant l'acte de constitution des avocats de la partie civile.

« Alors commence le défilé des témoins. Sont entendus Josélie (J.-François), qui n'apporte pas beaucoup de lumière ; Lamartine Désir, oncle de la victime, qui affirme, lui aussi, avoir constaté des traces de coups de manchettes sur le cadavre de Mercedès.

« A Lamartine Désir, les jurés posent plusieurs questions : « — Est-ce que Saint-Elme « jouissait au Bel-Air de la réputation de « houn-« gan » ? — R. Oui. — Est-ce qu'on mangeait de « l'*igname* chez lui ? — R. Oui. »

« Un avocat de la partie civile demande : « — Est-ce que chez Lamartine Désir même, on « ne danse pas le *pétro* ? — R. Oui. »

« Mᵉ César demande au témoin si le jour du crime, le « péristyle », qui entre parenthèses porte l'inscription : *A Sa Majesté Dambala*, n'était pas illuminé ? — R. Oui.

« Le défilé continue. Arrivent les nommés V. Augustin, Chéry Augustin. Ils ne savent pas grand'chose, cependant M. Chéry Augustin déclare que le cadavre de Mercedès n'était pas en putréfaction.

« La Cour entend le nommé Thermo Mondésir.

qui ne sait rien de l'affaire, et trouve le moyen de soulever un incident. Il s'en prend à M° Duval, qui demande au tribunal d'appliquer la loi au témoin. Le tribunal prie M° Duval de ne pas tenir compte des paroles de Thermo Mondésir, car elles ne peuvent pas l'atteindre. Puis Mlle Phi-lomène Innocent, chez laquelle habita tout d'abord Mercedès ; R. Volcy, Léon Cantave, etc.

« A noter une déclaration de Saint-Elme à propos d'une réponse de l'accusée Lucie Bazile, servante du « hounfort » : « Il ne faut pas prendre « en considération ce qu'elle dit, car *elle est sans* « *âme !* »

« Dès ce moment-là, la conviction du jury était faite sur Saint-Elme et sur cette accusée presque anonyme qui, en effet, semble ne pas avoir conscience de rien.

« Il est bon d'ajouter que le public était hostile aux accusés.

« Après une suspension d'une heure, les débats généraux sont ouverts. Seuls ont plaidé M° Léon Liautaud et M° E. Dyer.

« Le jury est entré en délibération ce matin, à cinq heures, avec trente-quatre questions à résoudre. A six heures et demie, le verdict était rendu. En voici la substance :

« Saint-Elme Saint-Surin et sa mère, Paulinette Hyppolite, sont reconnus coupables d'homicide volontaire, avec préméditation et au moyen d'actes de barbarie, sur la personne de Mercedès Fortuné, et coupables de recel du cadavre de la victime.

« H. Séverin, Dieudonné Blaise, Caristide Brunache, Coralie Décayette et Lucie Bazile coupables comme complices de recel de cadavre, mais avec des circonstances atténuantes en faveur de Lucie Bazile.

« La Cour entre en délibération, et, à dix heures du matin, prononce le jugement.

« Saint-Elme Saint-Surin et Paulinette Hyppolite sont condamnés à la peine de mort ; les complices à deux ans de prison, sauf la cliente de Mᵉ Ch. Bouchereau, Lucie Bazile, qui n'attrape que dix mois.

« Le tribunal fixe les dommages-intérêts à 5,000 gourdes.

« Saint-Elme a pâli au prononcé de la sentence.

« Quelques minutes après, il signait avec Paulinette Hyppolite, sa mère, le recours en cassation. »

28 novembre.

Ce matin se sont ouverts les débats sur l'affaire de la consolidation. Je suis allé à l'audience vers midi, ayant été cité comme témoin, en ma qualité d'ancien ministre, par la défense. J'ai entrevu les accusés. Ils ont bien changé durant cette longue année d'emprisonnement.

Le jury est ainsi composé :

1. L. Gourgue.
2. C.-S. Maignan.
3. Justin Dévot.
4. S.-Lucéus Desroches.
5. Léon Frère.
6. Massillon-J. Linch.
7. Scandron Constant.
8. Victor Bouchereau.
9. Massillon Désage.
10. Auguste-O. Archer.
11. Justin Saurel.
12. Anajou-F. Matiche.

Voici les noms des trois jurés suppléants :

1. Dorélien Pierre.
2. W.-J. Vital.
3. Jules Vilmenay.

L'audience a été levée vers les cinq heures, pour être reprise le lendemain à neuf heures. On avait dit que les quinze jurés devaient coucher au tribunal jusqu'à la fin des débats et qu'on avait fait venir des lits à leur intention. Mais je les ai vus s'en aller tranquillement chez eux.

29 novembre.

J'ai entendu raconter par un officier supérieur — une très grosse autorité de la ville — le trait suivant du général Nord. Cet officier, en le narrant, semblait le donner comme un mot romain, quelque chose d'héroïque et de surhumain, à vous faire crier d'admiration : quel homme ! Il était venu au Palais, le matin, après une visite à la prison. Et il disait au Président que le sénateur Stewart était bien malade, était mourant. Il désirait que le président, pris de pitié, permît enfin au moribond d'aller mourir chez lui. L'octogénaire, impassible, se contenta de demander :

— Commence-t-il à avoir des vers ?

Je ne crois pas à ce mot. Je sais bien que les très vieux hommes, surtout quand ce ne sont pas des intellectuels et quand ils sont, de plus, des militaires, arrivent à ne plus avoir à la fin de sensibilité du tout. Cependant, je ne crois pas à ce mot. Il a été forgé par l'officier général, qui nous le racontait pour nous épater et nous inspirer une terreur salutaire si nous étions en velléité de conspiration ou d'opposition latente. Il y a des gens qui dépassent toujours la mesure...

———

J'ai assisté à une partie de l'audience de cet après-midi. J'ai entendu plaider M° Lespinasse, qui a eu de nobles accents, j'ai entendu le commissaire du gouvernement, j'ai entendu M° Pradel. Jusqu'ici, le débat n'est pas sorti du maquis de la procédure : on se débat dans l'éternelle question de la compétence ou de l'incompétence du tribunal criminel. Le vulgaire pensait que la question avait été tranchée par le tribunal de cassation. Pour les avocats, il paraît que non. Les débats, suspendus à cinq heures, doivent être repris demain matin.

J'ai remarqué dans les discours, tant de la défense que du ministère public, qu'on s'est beaucoup écrié : « Catilina est à nos portes et vous délibérez ! » — les uns pour repousser cette assertion, qui, selon eux, n'était pas fondée ; les autres pour la certifier. J'ai compris, à la fin, que Catilina c'était l'*étranger*, qui pouvait intervenir dans le procès. On a parlé aussi des oies du Capitole, très abondamment. Je crois comprendre que cette figure s'appliquait au gouvernement qui veille à notre salut.

Je trouve dans le *Soir* un historique assez bien fait de l'affaire. Je ne le donne pas ici, parce qu'il est trop long. Mais il pourra servir à démêler cet imbroglio très enchevêtré. Je vous y renvoie. C'est le numéro du 28 novembre 1904.

1er *décembre.*

Il paraît qu'hier la voiture du ministre allemand a forcé la consigne qui défend aux cochers de traverser la rue et de venir stationner devant le tribunal : consigne sage, pour empêcher les encombrements. Mais le cocher du ministre, qui est de la Jamaïque, prétend qu'il en a reçu l'ordre de son maître, et malgré les cris des hommes de police, est parti pour stationner devant le perron. Arrêté, il a résisté, a reçu quelques coups, et son cheval a été un peu bousculé. Finalement, on l'a déposé en prison. Le ministre a écrit à M. Ferrère pour exiger sa mise en liberté immédiate. On affirme qu'il aurait fini sa lettre ainsi : « Je m'étonne du traitement infligé à mon cheval. Il est né de père et de mère haïtiens : il n'est pas blanc, il est bai. »

C'est assez spirituel, cette façon de caractériser notre xénophobie.

———

2 décembre.

Le *Moment* a paru avec un article intitulé : AH ! Mᵉ LESPINASSE ! C'est une véhémente apostrophe au défenseur des accusés. Le journaliste s'écrie : « Nous protestons contre les paroles prononcées avant-hier par Mᵉ Ed. Lespinasse. L'ancien secrétaire d'Etat s'est écrié au milieu de la foule qui se pressait au tribunal : « Messieurs, l'avenir nous réserve de lugubres surprises ! »

. . . .

« Tranquillisez-vous, prophète de malheur... L'avenir ne sera pas tel que vous le souhaitez... Quant à vous... avouez-le, vous êtes un mauvais Haïtien, et la République d'Haïti, à qui vous souhaitez tant de malheurs, survivra malgré tout. »

Le journal, on le voit, ne pardonne pas à l'avocat, après avoir été ministre du gouvernement, de prendre en mains la cause des accusés, surtout après qu'on lui eût reproché dans le temps d'avoir conseillé d'étouffer l'affaire. Cependant, il est nécessaire de laisser la plus grande liberté à la défense.

5 décembre.

Je suis allé ce matin au tribunal, vers les onze heures. On a fait l'appel des témoins à une heure. La défense, sur les deux cents témoins cités par elle, n'a eu que quinze environ qui se sont présentés. Les autres n'ont pas répondu à leurs noms. Tous les témoins de l'accusation étaient là. C'est qu'on pense n'avoir pas à se gêner avec la défense. Cité par elle, et bien que je ne voie pas ce que je puis savoir de la consolidation, ayant été absent durant dix ans près du pays, je me suis présenté exactement à l'heure requise. On nous a gardés tous, enfermés dans la salle du haut, jusqu'à six heures du soir, sans boire ni manger, nous ennuyant mortellement, n'ayant pas même l'écho de ce qui se passe en bas. Ce métier-là n'est pas enviable. Souffrant depuis quinze jours d'une fièvre intermittente, je ne crois pas pouvoir me rendre demain à l'audience, car j'en suis rentré assez mal en point. Si la nuit est mauvaise, j'écrirai pour m'excuser au président des assises, M. Dyer. Cela me contrariera, ne voulant pas m'exposer à paraître moins empressé pour la défense que je ne l'eusse été pour l'accusation.

7 décembre.

Avec ce procès, la vie commerciale est complètement arrêtée. Tous les banquiers, tous les boutiquiers sont aux assises.

Le *Nouvelliste* rapporte une remarque assez judicieuse de Me Dominique, à propos de la constitution de la partie civile :

« Avec beaucoup de finesse, Me Dominique dit que la défense est toujours très respectueuse des décisions du tribunal ; qu'ainsi elle a écouté avec la plus grande attention les deux jugements par lesquels la Cour admettait Cinéus Sanon et Alcé Louisdor comme partie civile, tandis qu'elle déboutait Lascase Apollon, qui se présentait pour des faits identiques à ceux dont Cinéus Sanon et Alcé se plaignent. »

La remarque est juste : deux poids et deux mesures. Mais on avait besoin, paraît-il, des avocats de Cinéus Sanon et d'Alcé pour renforcer la faiblesse du Parquet. Après eux, on n'a plus permis à aucun avocat de se constituer partie civile. Et c'est pourquoi aussi on leur a donné le droit d'interroger les témoins, en dépit des raisons de la défense.

8 décembre.

Dans le procès de Cluses — fusillade des grévistes par les frères Crettiez et incendie subséquent de leur usine — qui se déroule en France, à la Cour d'assises de la Haute-Savoie, je lis ces lignes dans le *Journal* du 15 novembre de cette année :

« L'appel des témoins, fatigant et fastidieux, dura longtemps, et, lorsque les deux cent soixante personnes citées, tant par l'accusation que par la défense, eurent répondu à l'appel de leur nom, il faisait nuit. Le président leva donc la séance, après avoir prévenu, toutefois, les témoins, qu'ils ne seraient entendus qu'à partir de mercredi et que, par conséquent, s'ils désiraient rentrer dans leurs familles, on les convoquerait individuellement. »

Voilà un exemple que la Cour d'assises de Port-au-Prince aurait dû imiter dans ce procès de la consolidation. Elle éviterait ainsi d'enfermer les témoins des journées entières, sans boire ni manger, dans une sorte de prison véritable.

---

10 décembre.

Le change fait 500. On dit de plus en plus que la récolte de café est nulle. Que va-t-on devenir ? Car la récolte de café est la garantie de notre papier-monnaie : plus il y a de café, moins il y a de hausse dans le change.

Le procès des consolidards ne nous donnera ni le pain, ni la banane quotidienne. Au contraire. C'est peut-être grâce à lui qu'on nous a infligé une émission de 10,000,000 de gourdes. Fasse le ciel que, quand les accusés seront condamnés, on ne nous demande pas, pour célébrer le triomphe national, quelques petits millions supplémentaires ! On y marche à grands pas.

Il paraît que les canalistes — c'est-à-dire quelques individus au pouvoir dénommés tels — ont *trouvé* pour solidifier leur situation dans le gouvernement une lettre se rapportant à la soi-disant conspiration de Jérémie dont, pas plus que celle des Gonaïves, personne ne parle plus. La lettre qu'on faisait signer de M. Firmin disait : « Tenez-vous prêts. L'accord est complet. Tous les partis ont fusionné. Mais, sous aucun rapport, nous ne voulons des canalistes. Défiez-vous de ces gens ! »

Naturellement, la lettre a produit son effet. Elle a rassuré le chef et a consolidé les canalistes. C'est là contre-partie de l'affaire des Gonaïves où l'on avait *trouvé* une autre lettre qui les mettait en très mauvaise posture, car elle prétendait qu'ils allaient frapper un coup. Byzantinisme de notre politique !...

___

Je ne crois pas avoir noté la mort du fils de Stewart qui est décédé ces jours-ci. Je suis allé faire une visite le matin des funérailles à la maison, rue du Centre. où demeure Mme Stewart, avec son beau-fils. J'ai causé longuement, à propos de ce deuil, avec un vieil ami et ancien condisciple que j'y ai rencontré, très proche allié de la famille.

Ah ! qu'il est vrai qu'un malheur ne vient jamais seul ! Après la mort regrettable et déplorable de Stewart, voilà maintenant celle de son fils. Il était à peine revenu de France, il y a trois mois environ. Et sa mère l'en avait fait revenir parce que, avec cette hausse du change et la modeste fortune laissée par son mari, elle ne pouvait plus, dit-on, envoyer chaque mois l'argent nécessaire à ses études. Le jeune homme était d'une intelligence et d'un bon sens au-dessus de la moyenne. Il prit vite en dégoût ce qu'il voyait, ce qu'il prévoyait. Et le souvenir de la mort misérable de son père, qu'il vénérait à l'égal d'un dieu, glaça comme un suaire collé à son corps sa pensée frissonnante, à peine éveillée.

Aucun soleil, aucun rayon de sa jeunesse ne put dissiper la fatale obsession. Il tomba dans la tristesse et l'abattement. Et très vite le fils alla rejoindre le père.

Quand je pense à Stewart, je me dis qu'il ne devait pas ainsi mourir, cet homme qui fut un modèle de travail, d'intelligence et de ténacité. Incontestablement, c'est une perte pour la patrie.

Je l'ai vu à l'œuvre, pendant mes deux ans et demi de ministère, comme chef de cabinet du général Hyppolite. J'ai eu bien des difficultés avec lui. Rien ne m'empêche, rendant le plus entier hommage à son mérite, de déclarer que nul ne fut plus digne que lui de la confiance d'un chef d'État, que nul ne montra plus de savoir et de dévouement à ce service-là. Quand je regarde les chefs de cabinet qu'on a eus après lui, je mesure la profondeur de la chute de mon pays et je me dis combien le gouvernement d'Hyppolite était supérieur à tout ce qu'on a vu depuis.

---

14 décembre.

Hier après-midi deux navires de guerre français sont arrivés dans notre rade. On dit qu'ils viennent pour l'affaire de M. Angibout, ce Français qui, bien qu'on doive à sa maison 5 millions de francs dans le pays, a été emprisonné parce que, de son côté, il doit 300,000 francs à un de nos concitoyens : ses 5 millions, sur lesquels son créancier pouvait poser saisie, n'ont pas paru une caution *judicatum solvi* suffisante aux juges. Il paraît que l'arrivée de ces bateaux, sur la mission desquels on ne sait au fond rien de certain, a causé en ville une légère, et, j'en suis sûr, bien injustifiée émotion.

Le procès se traîne de plus en plus dans d'interminables auditions de témoins. Le public en est fatigué. C'est fastidieux et insipide. Il ressort toutefois des dépositions et confrontations, que l'affaire des câbles, tout en restant scandaleuse par les bénéfices encaissés, n'est qu'une opération commerciale au fond : les accusés ayant démontré que c'est avec leur propre argent qu'ils ont acheté les titres du gouvernement haïtien et non, comme le prétendait le rapport de la Commission d'enquête, avec le produit des titres préalablement vendus.

---

15 décembre.

C'est surtout M° Lespinasse — qu'on qualifie M° *de* Lespinasse — qui est pris à partie par les journaux. Lisez un article du *Moment* à la date du 14 décembre. La forme en est vraiment véhémente.

Pour donner une impression de la physionomie des audiences, transcrivons cette partie du journal *Le Soir*, à cette même date du 14 décembre :

« VIF INCIDENT

« Vous venez d'entendre les explications de Mᵉ Oreste, dit Mᵉ Hudicourt aux jurés ; mais il faut noter qu'il est payé pour cela.

« A cette phrase, les avocats du banc de la défense se lèvent.

« Mᵉ Lespinasse réplique : « Nos clients nous « paient, mais nous ne savons pas qui vous « paie. »

« Mᵉ Oreste ajoute : « Depuis le commencement « du procès, les menaces me viennent de toutes « parts. Aussi quand j'aurai fini de le plaider « sous la protection des Légations, je laisserai la « République d'Haïti, après avoir vendu mes « meubles et immeubles. Oui, je prendrai l'ar- « gent de mes clients et je m'en irai, alors on « sera content. »

« TOUJOURS LES 16,000 DOLLARS

« Le calme rétabli, Mᵉ Hudicourt, après avoir donné lecture de deux dépêches de M. Van

Wicjk à la commission d'enquête, déclare que c'est bien le reçu en question qui justifie la sortie des 16,000 dollars.

Mᵉ Lespinasse fait remarquer qu'en parlant du reçu, M. Van Wicjk dit bien « pièce de comptabilité ». Et il ajoute que l'on reconnaît que cette valeur a été touchée, mais pour M. Faine. Peu importe alors, qu'elle soit sortie des caisses de la Banque ou de la caisse privée de M. Tippenhauer.

« Ce n'est pas là l'opinion de Mᵉ Hudicourt. L'accusé Tippenhauer dit que c'est M. Phelps qui a eu à transporter les 16,000 dollars chez M. Faine. Il ne s'explique pas pourquoi on a chargé ainsi M. Phelphs comme un petit âne, quand on dit avoir eu recours à des opérations de comptabilité pour éviter le transport de numéraire. Cependant, la caisse de la Banque et les tiroirs de Tippenhauer sont voisins.

« La discussion est close par Mᵉ Lespinasse qui, en passant, a relevé les expressions employées par Mᵉ Hudicourt en parlant d'un ami, M. Em. Phelphs, dont on déplore la mort.

« La fiche *T*

« Mᵉ Hudicourt demande au témoin, M. Duplessy, s'il a eu à payer la somme de 2,350 dollars d'intérêts de la fiche *T*.

« R. — Oui. J'ai payé et vous voyez la différence. Cette pièce est une pièce de caisse et mes livres en font foi.

« D. — Pourquoi avez-vous payé cette fiche qui ne portait comme signature que la lettre *T* ?

« R. — A cette époque, M. Tippenhauer avait l'autorisation de la Direction de viser.

« L'accusé Tippenhauer intervient pour dire que cette valeur a été remise à De la Myre pour être comptée à M. Faine.

« UNE FABLE

« M. le Commissaire du Gouvernement dit aux jurés que quand l'accusé Tippenhauer parle de 200,000 gourdes de fonds personnels destinées aux travaux du chemin de fer, il invente une fable pour les besoins de sa cause. Ces fonds personnels sont le produit de ses vols et de ses rapines.

« Me Lespinasse dit que c'est là un système étrange que d'avancer des faits qu'on ne peut pas prouver.

« M. P. Lespès. — Le verdict du jury le dira.

« Me Lespinasse. — La suite le dira.

« UN NOUVEL INCIDENT

« Me Mathon obtient la parole et dit qu'on a

peut-être semé du poivre aujourd'hui dans la salle.

« Il regrette que M⁰ Lespinasse ait pu se demander qui paiera les avocats de la partie civile. Des deux côtés, dit-il, on gagne honorablement sa vie...

« Il est interrompu par M⁰ Oreste : C'est M⁰ Hudicourt qui d'abord a dit que nous étions payés. Nous sommes payés et nous l'affirmons.

« M⁰ Hudicourt : Je ne me laisserai insulter par personne.

« M⁰ Oreste : Nous n'insultons personne et nous ne nous laisserons pas insulter.

« Les clochettes s'agitent et le doyen Dyer met fin à l'incident en disant : « Si vous avez encore « quelque chose à régler entre vous, vous le ferez « dehors. »

Et, pour finir cet extrait du *Nouvelliste* de ce jour 15 décembre :

« M. REIHER

« Chef de la comptabilité de la Banque. Interrogé au sujet de la fiche *T*, le témoin déclare que, pour être régulière, cette pièce n'avait pas besoin d'être revêtue d'aucune signature. Le sceau de la banque apposé par lui-même suffisait. Il se rappelle avoir crédité la maison Keïtel d'une certaine valeur, à l'occasion de la sortie de fonds de 16,000 dollars.

« — De qui avez-vous acheté le bon n° 562 ? lui demande M. H. Roy.

« — De la maison Keïtel, et quand je l'ai acheté on en avait déjà payé deux ou trois répartitions d'intérêts.

« M. H. Roy continue en s'adressant au jury : — « C'est le bon dont m'avait fait cadeau le géné-
« ral Sam. — Pressé par la nécessité de libérer
« ma propriété d'une hypothèque dont elle était
« grevée, j'avais demandé au général Sam de me
« secourir. Au lieu de me donner ce secours en
« espèces, il chargea la maison Keïtel de m'offrir
« ce bon que je n'ai jamais vu d'ailleurs. Il fut
« négocié par cette maison et l'argent en prove-
« nant a servi à payer M. M. Carré, mon créancier
« hypothécaire. Je n'avais donc aucune connais-
« sance de la nature frauduleuse de ce titre. Cette
« circonstance détruit toute idée de complicité de
« ma part. »

« M. P. Lespès demande alors à M. Hérard Roy qu'il baptise du nom « d'enfant gâté » de la République, s'il n'avait pas auparavant obtenu une avance de 10,000 dollars de la caisse publique.

« — Oui, répond l'accusé. J'ai remboursé déjà cette avance en partie à l'Etat. On ne peut en tirer aucun grief contre moi. D'ailleurs suis-je ici pour cela ? »

Le change est à 480. On dit que, si la récolte de café est mauvaise, celle du coton est très forte. Cette circonstance empêchera peut-être le change de monter.

---

17 *décembre.*

En descendant en ville ce matin, j'ai, en passant, jeté un coup d'œil sur le bâtiment du palais ; les paratonnerres et les girouettes sont tout de travers. Le ministre de qui cela relève devrait les faire redresser. D'abord parce que cela peut occasionner des accidents, ensuite parce qu'il n'est pas bon politiquement que les girouettes du palais soient de travers. Les esprits malins en feraient des conclusions fâcheuses.

Ce soir, vers les sept heures, par un clair de lune splendide, dans une atmosphère de rêve, à se croire dans un coin de paradis, on a tiré du canon. C'est pour fêter le deuxième anniversaire de la prise de pouvoir du Président de la République. Le général Nord, habitude de guerrier, aime faire tirer ainsi le canon la nuit. On a dancé aussi quelques feux d'artifice, fusées, chandelles romaines, pétards, devant les portes des ministres, des autorités, des bien en cour. Ce sont ces catégories qui, seules, peuvent fêter comme il faut cet anniversaire. Du reste, il n'y a pas d'exception à cette règle qui régit les anniversaires dans notre histoire, sauf, peut-être, sous Pétion, s'il faut s'en rapporter à quelques anciens. Les pauvres familles actuellement n'ont guère le cœur à la fête, elles qui, au repas, comptent les bananes dans le plat, afin de voir s'il y en a pour tout le monde, et qui, avant longtemps, compteront les grains de riz pour le partage équitable entre toutes les bouches...

J'ai lu la brochure de M. Nicolas-Stephen Lafontant : « *Courtes explications à mes concitoyens* ». Le style en est bon et les pensées ne sont pas mauvaises. Il y a même de l'ironie, de l'esprit, chose assez rare chez nous. Témoin l'anecdote du chèque donné à l'*illustre grand honnête homme*. Pas mal non plus, à propos de la commission d'enquête, ces écuries à balayer, cet Augias qui faillit tout compromettre... Ce n'est pas nouveau, ce n'est pas vrai, mais cela fait toujours rire et cela vaut mieux que de pleurer. Pourquoi faut-il que M. Nicolas Stephen Lafontant nous gâte tout cela en y mêlant la sauce rance *de la revanche du parti mulâtre et de l'écartement définitif du pouvoir du parti noir* ? Il n'en croit rien. Il sait bien que tout ce qui se passe n'est ni noir, ni mulâtre. Ça n'a pas de couleur, mais c'est national, c'est haïtien. C'est trop songer à la politique que de dire que c'est le parti mulâtre qui gouverne, parce que le gouvernement compte dans ses rangs quelques échantillons de cette classe. Non, il n'est pas le représentant d'une couleur. Il est le représentant de notre ruine, de notre déliquescence tout comme ceux qui l'ont précédé — celui de Tirésias Simon Sam en tête, — tout comme ceux qui le suivront jusqu'à ce qu'une minorité de noirs et de mulâtres s'entendront enfin pour changer le système...

19 décembre.

Dans le *Nouvelliste* de ce jour, — procès de la Consolidation, — on lit :

« M. Camille Latortue, chef de division aux travaux publics, ne sait rien, a toujours été tenu, malgré ses hautes fonctions en dehors de tout ce qui se faisait au département.

« Le témoin répond ensuite à différentes questions de M. Dominique.

« On lui demande :

» Quelle opinion vous faites vous de la situation d'un fonctionnaire vis-à-vis de ses supérieurs ?

« Il répond :

— Je ne me suis pas encore fait cette opinion. »

M. Camille Latortue, chef de division au département des travaux publics, doit aimer à se payer la tête des gens. Ce doit être un railleur à froid.

Du reste, on s'amuse un peu partout dans la salle. Les accusés et le parquet aussi. M. Tippenhauer, dit :

— *Cé sou chien maigre yo oué puce.*

A quoi le commissaire du gouvernement riposte vivement :

— L'accusé n'est pas un chien maigre. Au contraire, il est gros et gras.

***

20 décembre.

Enfin, l'audition des témoins est finie. Les débats généraux sont ouverts ce matin. Hier, il n'y a eu rien de saillant. Un témoin, M. Eugène Paul, cité par la défense, a rendu témoignage de l'honorabilité de l'accusé Hérard Roy. Il dit que « M. Roy a été un administrateur sans peur et sans reproche. Il ajoute qu'il a résisté à un ordre illégal du ministre des finances ».

« Le commissaire du gouvernement demande à l'accusé ce qu'il reste devoir à l'Etat sur les 10,000 dollars qu'il a reçus en emprunt de la caisse publique. Hérard Roy explique que, dès sa nomination comme directeur de douane, il emprunta cet argent de l'Etat pour désintéresser ses créanciers, car il ne voulait pas être directeur de douane et importateur en même temps.

« Un colloque s'engage entre l'accusé et M. Pas-

cher Lespès, qui fait remarquer que sa question
est restée sans réponse. »

(Le Soir, du 20 décembre.)

22 décembre.

Le Nouvelliste de ce jour donne de la façon
suivante le réquisitoire du ministère public :

« M. P. Lespès. — « Messieurs les jurés, le
« moment est venu, l'heure a sonné de relever les
« charges qui pèsent sur les treize accusés. Les
« débats particuliers, pendant lesquels de nom-
« breux témoins sont venus déposer, ont dû, sans
« doute, vous éclairer déjà sur les questions
« actuelles. La partie civile a largement (ce n'est
« pas un reproche que je lui fais) usé de son droit.
« Elle et moi, nous poursuivons le même but :
« elle au nom d'un intérêt privé, moi au nom
« de la collectivité.

« Avant d'aborder les charges de l'accusation,
« j'ai à vous présenter quelques considérations
« qui ont toutes leur importance. Me Oreste vous
« disait, avec son langage chaud et coloré, que le
« procès d'aujourd'hui est l'œuvre des passions
« et des haines politiques. Cela n'est pas. Que

« reproche-t-on aux accusés ? Ne sont-ce pas des
« crimes de droit commun : faux, escroquerie,
« soustraction frauduleuse ? Ne vous laissez donc
« pas induire en erreur. C'est par un simple
« hasard, par la tentative de consolidation de
« Roland Michel que cette grande affaire a
« éclaté. »

« Le ministère public continue en rappelant
une audience de Tirésias où il disait que tous
devaient donner une pierre de sa maison pour
arriver à la Consolidation. Puis Stéphen Lafontant arrive au pouvoir, et, ô ironie ! dans la première circulaire, rappelant les paroles de Tirésias, il parle de probité, de sévérité contre les
prévaricateurs.

« Hérard Roy est ministre après Lafontant. Il
jette les bases de la Consolidation, que Faine,
notre légende en matière de dilapidation, exé-
cute... mais à sa façon.

« Le commissaire du gouvernement rappelle
l'affaire des Tramways, l'affaire du Câble, qui,
dit-il, a un cachet exotique, qui n'est pas un vol
national, qui fait se souvenir des Humbert, du
Panama ; c'est l'œuvre de brasseurs d'affaires,
l'œuvre de celui qui est l'âme de toute cette
machination : de Tippenhauer, dont tout le

monde a constaté l'attitude arrogante et auda-
cieuse à l'audience. La Convention du 26 janvier
est en entier de la main de cet accusé. « Cette
« affaire du Câble, s'écrie M. Lespès, sent l'âme
« allemande ! Tippenhauer a été le Bismark de la
« Consolidation, un chancelier de fer qui n'a rien
« laissé passer, Bis étant un diminutif de Bis-
« mark. L'âme allemande, selon Henri Nietszche,
« est composite, a des couloirs, des corridors, des
« galeries, des cachettes, des cavernes et est tou-
« jours recouverte d'une ombre, de ténèbres cré-
« pusculaires.

« Mais cela n'est pas vrai de toutes les âmes
« allemandes, car le génie allemand est trans-
« cendant et a marqué sa place dans toutes les
« spéculations philosophiques. »

« Il continue en parlant de l'affaire Nemours
Auguste, de l'affaire Czakowski, qui est le vol le
plus audacieux de la Consolidation. Il arrive à la
commission de 4 1/2 0/0 sur les titres bleus, à
celle de 6 0/0 sur les Consolidés 12 0/0, commission illégale cachant un vol décoré du nom de
gratification. Les accusés sont passés en revue et
chacun sort avec son parquet, Vilbrun deux fois
nommé.

« Puis, le commissaire conclut : « Vous avez

« entendu de nombreux témoins ; mais, en
« dehors de tous ces témoignages, il y a un
« témoin qui, sans prêter serment, sans avoir
« déposé, a suivi les accusés partout, un témoin
« incorruptible que l'on ne peut acheter : ce
« témoin, c'est la conscience même des accusés,
« qui, si elle voulait parler, dirait la vérité.

« La défense a fait flèche de tout bois, a usé
« de tous les moyens ; mais le banc de la défense
« n'arrive pas au niveau de l'accusation et du
« tribunal. On a parlé de Killick. Que je vous dise
« que trois ombres planent sur ce procès : celle
« de Killick mort sous les boulets de l'étranger
« pour sauver l'honneur national, de Killick ense-
« veli dans un double et glorieux linceul : les
« flots de l'océan et le drapeau national ! celle de
« Stewart, qui a fui de la fuite éternelle pour ne
« pas subir la honte de monter sur la sellette cri-
« minelle, et enfin celle de Maxi Monplaisir, qui
« tenta de rentrer, par une aventure nocturne,
« dans cette île escarpée et sans bord qu'est
« l'honneur, dont parlait Mᵉ Oreste, et où l'on ne
« peut plus revenir une fois qu'on en est sorti.

« Comme M. Quesnay de Beaurepaire disait
« dans le procès de Boulanger que les injures
« des boulangistes seront l'honneur de sa car-

« rière, je répète que les haines des consolidards
« seront le couronnement de ma carrière de pro-
« cureur. Que le verdict que vous allez rendre se
« réunisse au verdict de Dieu et marque une date
« mémorable dans les annales judiciaires. Dieu
« vous regarde et ne le perdez pas de vue au
« moment de rendre votre verdict ! »

Le discours, autant qu'on en peut juger dans
ses grandes lignes, n'est pas trop mal, si on se
met strictement au point de vue de l'accusation.
En somme, il semble que le commissaire du gouvernement n'a pas été au-dessous de sa tâche durant ce long procès. Seulement, on peut trouver
que, dans sa péroraison, il a usé et abusé de Dieu
immodérément.

24 décembre.

Enfin, cet après-midi, le jugement a été rendu.
Les jurés étaient entrés dans leur chambre de
délibération depuis la veille à dix heures du soir.
Tous les accusés sont condamnés, sauf MM.
Hérard Roy, Lys Duvignaud et Pyrrhus Agnan.

M. Hérard Roy seul a été mis en liberté, les
deux autres ont été retenus pour autres causes.

On connaît cette formule bien élastique chez nous.

---

26 *décembre.*

Si vous tenez à avoir des détails complets sur les condamnations résultant du procès de la Consolidation, référez-vous au journal *Le Pacificateur* de ce jour. Il vous renseignera amplement.

Aujourd'hui sont jugés les contumax... Ma foi, ils ont bien fait d'être contumax.

On a parlé fortement tous ces jours-ci, et les journaux gouvernementaux l'ont annoncé, de la démission de M. Magny, ministre de la justice. On affirme que le ministre de l'intérieur, M. Deslandes, est chargé de son portefeuille.

Le change a fait aujourd'hui 530.

Un ami m'a apporté aujourd'hui ces deux pièces : une lettre de Salomon, datée de Kingston, et une proclamation de M. Anténor Firmin, président du Conseil exécutif, lancée des Gonaïves en septembre 1902.

Voici la lettre de Salomon. Elle a son intérêt historique. Je supprime, bien entendu, certaines parties trop intimes et les noms des destinataires :

« 120, Duke Street, Kingston (Jamaïque).

« *22 août* 1878.

. . . .

« J'ai reçu le 16, par le bateau français, les lettres que vous m'avez envoyées par cette voie. Mais je n'ai pas reçu de vous une ligne par le *Royal-Mail*, arrivé ici le 20. Et, sans une autre lettre du 18, qu'un ami du Port-au-Prince a confiée pour moi à un passager du *Royal-Mail*, laquelle lettre me parle de vous, je serais dans de grandes inquiétudes. Tout de même, je suis vraiment contrarié de n'avoir pas reçu de lettre de vous, surtout qu'elle devait être la réponse à ma correspondance du 8 de ce mois que j'avais confiée à Crosswell. Mais par vos lettres du steamer français, je comprends que vous envisagez autrement que moi la conduite de Boisrond à mon égard. Vous êtes sur les lieux, *vous voyez, vous entendez* et, par conséquent, vous êtes mieux placés que moi pour apprécier les choses.

Cependant, je me dis que si Boisrond me voulait du mal il n'aurait eu qu'à ne pas s'occuper de moi quand j'étais chez Villevaleix et j'aurais été, en fin de compte, assassiné par ceux qui en avaient conçu le dessein. Je n'avais en ce moment personne pour défendre ma vie. Tous ceux qui l'auraient pu avaient peur et se cachaient. Pour ce qui est du jugement, Boisrond a-t-il exercé une influence ? Je conviens que s'il l'avait voulu, il l'aurait pu, attendu que la majorité des membres du conseil spécial se composait de ses aides de camp et des officiers de sa garde. Mais il se peut qu'après m'avoir sauvé la vie, en me faisant partir, il a été tant reproché et si menacé par le parti Bazelais qu'il redoute et dont il a peur, qu'il a fait promesse à ce parti de me laisser condamner, se disant lui, Boisrond, *que le principal* était de ne pas me laisser tuer, et que les exilés et les condamnés contumax reviennent toujours dans leur pays. Certainement si on met Boisrond au pied du mur et qu'on lui fait entendre qu'on le renversera s'il s'oppose à ma condamnation, certainement Boisrond préférera me laisser condamner plutôt que de s'exposer à se voir renverser. Or, chaque pas que fait Boisrond, il est obligé de capituler pour ne pas être attaqué par le parti Bazelais qu'il croit plus fort que le sien. Ainsi vous avez vu que le chef de l'Etat, après avoir parlé de la conduite de chacun à l'occasion de l'affaire Tanis, faire, pour ainsi dire, des excuses à ce parti, qui avait été froissé de ses paroles, au point qu'Auguste Bazelais avait donné sa démission de chef de bataillon dans la garde nationale. Le Président envoya chercher A. Bazelais, lui donna des explications, fit grand éloge du parti libéral ; on porta des toasts et, le parti étant satisfait des excuses ou des explications du Président, Auguste reprit sa charge. Mille autres faits témoignent des ménagements et de la condescendance de Boisrond envers le parti qui me persécute. Souvent le chef, s'il se sent faible, fait ce qu'on exige de lui et qu'il n'aurait pas fait s'il était fort. Tel a été le cas de l'empereur Soulouque, en 1848 : Il ne voulait pas fusiller Edouard Hall ; mais, par crainte de Voltaire Castor et d'autres qui voulaient la mort de Hall, il l'a fait exécuter.

« D'après vos lettres, donc, du steamer français, je comprends que la note que je vous ai envoyée par Crosswell n'aura pas eu votre entière approbation et que, par conséquent, vous n'avez pas dû la faire publier. Je laisse tout à votre approbation. Si même cette note n'a pas été publiée, n'en faites rien ; gardez-la et, après la fermeture des Chambres, nous verrons ce qu'il y a lieu de faire. Peut-être pour la même raison, vous n'avez pas remis à Villevalleix la lettre que je lui ai écrite et qui parle de la note en question. Quel dommage que je n'ai pas reçu de lettre de vous par le *Royal-Mail*, elle m'aurait tiré de l'incertitude dans laquelle je me trouve, et dont je ne sortirai qu'à l'arrivée du bateau de Liverpool, vers le 31. Je vous envoie, ouvertes, des lettres pour plusieurs personnes.

« Les lettres que j'envoie sous votre couvert, lisez-les toujours et vous êtes autorisés à ne pas les remettre si vous avez des raisons pour cela. De même, ouvrez et lisez les lettres, même cachetées, qu'on vous charge de me faire passer ; si vous avez des observations à me faire ou des avis à me donner à leur égard, écrivez-moi.

« Envoyez-moi aussi des observations à l'égard de mes lettres que vous n'auriez pas jugé nécessaire de remettre à leur destinataire.

« Vous me recommandez de ne pas manquer de vous faire savoir si je suis indisposé ou malade. Mais à quoi bon cette recommandation ? N'ai-je pas toujours agi ainsi ?

« Vous avez tort de vous exaspérer contre l'in-

fâme conduite de nos ennemis. Ils ont fait condamner à mort un homme qu'ils savent parfaitement innocent. Eh bien ce crime est trop odieux
pour qu'il reste impuni. Ces malfaiteurs, ces ban-
dits, ces assassins recevront le prix de leur
salaire, croyez-moi.

« C'est curieux de lire le *Ralliement* ; les seize
colonnes de ce journal sont consacrées à l'éloge
de M. Delorme et ce journal est tellement son
journal que les trois fois qu'il a eu à publier les
articles signés de Marius et qui parlent favorable-
ment de moi, il a eu soin de dire en tête : Nous
avons reçu du Cap l'article suivant ; ce qui est
une manière indirecte de dire que cet article n'a
pas l'approbation du journal. Cependant qui, plus
que moi, ai contribué à la fondation de ce journal ? M. Delorme va trop loin, et je le vois tant
raidir la corde que je crains qu'elle cassera.
Ainsi il a fini par poser sa candidature, tout en
protestant qu'il est sans ambition du pouvoir,
oubliant ce grand placard qu'il a envoyé de Paris
en 1874 et dans lequel il posa ouvertement, carrément sa candidature à la présidence à l'encontre
de celle de Domingue et de Monplaisir Pierre. Les
succès littéraires de Delorme le grisent. Or, tout
homme gris ou *saoul* trébuche et finit par tomber.

Faisant allusion à moi dans le n° 12 ou 13 du *Ralliement*, M. Delorme dit qu'on se trompe si l'on croit qu'il consentira au rôle de *victime* résignée, qu'il n'est pas de ceux qu'on démolit facilement ; qu'il luttera. Mais est-ce que je n'avais pas aussi lutté ? Si j'étais dans la position de M. Delorme... Je n'ai pas besoin d'en dire plus ; vous me comprenez. Oui, je suis résigné, mais pas de cette résignation qui abdique, mais de celle qui attend.

« Aujourd'hui un mois depuis que j'ai quitté Kingston ; nous y allons après-demain, s'il plaît à Dieu, pour y faire vingt-quatre heures. Il y a donc plus d'un mois que je n'ai vu Ulysse Télémaque et Sillé et que je n'ai eu de leurs nouvelles. La dernière fois que j'ai vu Sillé, il m'a dit qu'à part Audain, les autres acquittés qui sont ici ne veulent pas retourner en Haïti, étant toujours prêts, si l'occasion se présentait, à reprendre les armes contre le gouvernement dont ils ne veulent pas.

« Sur ma demande, Sillé m'a dit qu'étant reconnu ennemi du gouvernement et ayant eu une grande part dans la prise d'armes Tanis, il ne peut comprendre pourquoi il a été acquitté. Il suppose que c'est sur la démarche d'Anténor

Jean-Lindor, son ami. De mon côté, je me demande quelle peut être l'influence de Lindor ? Sans doute, bien avec Richard Azor, et celui-ci bien, je crois, avec le parti Bazelais, a pu obtenir l'acquittement de Sillé, car c'est incontestable que ce parti a influencé les décisions du conseil militaire. Ainsi, c'est à Paul qu'il a fait acquitter Amulysse qui, comme Sillé, était à l'attaque du trésor particulier de la prison. On dit que c'est Camille Nau qui a fait acquitter Phocion Nau, son parent. Vous m'avez écrit que c'est Boisrond qui a recommandé J.-J. Audain ; mais on croit, et moi aussi, que c'est Daguesseau Lespinasse, du groupe libéral, qui l'a recommandé. Daguesseau était en correspondance avec J.-J. Audain et celui-ci m'a dit un jour que Daguesseau lui avait écrit de se rendre immédiatement à Port-au-Prince si lui Audain était acquitté, mais qu'il ne le ferait pas.

« Croyez-vous que, dans ma précipitation pour lire votre lettre des 8 et 12 août, qui est de sept pages, j'en avais sauté deux, et ce n'est qu'en ce moment même que je m'aperçois de mon inadvertance. Justement, je n'avais pas lu ce que vous me dites de votre explication avec Delorme, une partie de ce que vous me dites des efforts de Paul pour persuader nos amis qu'il est, lui aussi, notre ami. Paul veut user de la tactique de Geffrard ; mais il s'est trop compromis avec le parti aristocrate, ayant Bazelais à sa tête, pour jamais réussir à faire croire aux nôtres qu'il est pour eux et avec eux, à moins que les nôtres ne soient bêtes, bêtes au point de manger de l'herbe. Paul a joué tous les rôles ; il a été *Piquet* quand il a cru que cela pouvait lui réussir, et, depuis bien des années, il est avec ce qu'il y a de plus mauvais, de plus aristocrate dans le pays. Ce n'est pas sa faute si Bazelais n'a pas été élu Président d'Haïti en 1876 ; on n'a qu'à lire son discours à l'Assemblée nationale le jour de cette élection pour se convaincre que je dis vrai. Dans le *Spectateur* de 1877 il y a un article dans lequel M. Lavaud attaque vigoureusement Paul et dit de lui : *Il semble que cet homme nourrit un mauvais dessein contre la société.* Je partage l'opinion de Lavaud.

« Passons à Delorme. Les réflexions que je vous ai communiquées plus haut à son endroit m'ont été suggérées par l'attitude du *Ralliement* à mon endroit dans son second numéro et par le langage des derniers numéros de ce journal, surtout des numéros 12 et 13, dont je vous ai cité quelques allusions à ma personne. Il paraît que ce

que j'avais remarqué, nos amis, notamment Pinkombe et Evariste, l'avaient aussi remarqué.
Vous me dites avoir eu avec Delorme une explication et que vous et nos amis vous êtes satisfaits
des déclarations qu'il a faites. Quand donc a eu
lieu cette explication ? C'est sans doute après la
publication du numéro 13 du *Ralliement*, car
dans ce numéro encore se trouve un langage qui
affirme les prétentions de Delorme. Enfin, si vous
vous êtes entendus, tant mieux ! Ce qui tue les
partis, c'est le défaut d'entente, la division parmi
ses membres. Le parti Bazelais n'est fort que
parce qu'il existe en lui une *parfaite entente et
une grande discipline.*

« Les trois quarts du Sénat sont à la dévotion
de Bazelais. Et Bazelais, qui a pu, pendant huit
années, et sans opposition, tout diriger de
manière à être maître de l'administration à Port-
au-Prince et sur d'autres points du pays, arrivera,
il n'y a pas de doute, à avoir dans la nouvelle
Chambre une majorité aussi dévouée que celle
du Sénat. Donc, on peut dire, dès à présent, que
les deux tiers de l'Assemblée nationale en 1880
seront pour lui. Les 300,000 piastres que Bazelais
a empruntées ont servi à corrompre. Il y a donc
à se demander, dès à présent, si cette Assemblée

nationale sera le fidèle représentant de la nation, et si elle aura assez d'autorité morale pour donner un chef au pays.

« Voilà la question, et elle se résout négativement.

« Un peuple ne saurait aliéner ses droits, pas plus qu'un homme ne saurait aliéner sa liberté. Et quand une Assemblée, qui devrait être l'expression de la volonté nationale, se trouve être l'expression d'une coterie, d'une cabale, la nation a le droit de la renvoyer comme on renvoie un mandataire infidèle et de manifester elle-même sa volonté.

« Je désire que tous mes amis comprennent ceci et qu'ils soient prêts, au besoin, de manifester leur volonté, qui est bien celle de la majorité du pays, et à la faire prévaloir.

« Parlez-moi de Woolley et de Légitime. Avez-vous eu à vous plaindre de Légitime et comment se conduit Woolley ? M. Langston se conduit-il de manière à ne pas faire regretter Bassett ? Je regrette bien d'apprendre le triste état de l'impératrice et j'ai bien des craintes pour elle. Si un malheur lui arrive, j'aurai bien à regretter que, par mon absence, je ne pourrai dire quelques paroles sur sa fosse. Cette femme, pendant le règne de douze années de son mari, a été une vraie providence pour ceux qui souffraient. A faire le bien, on trouvait toujours ses mains et son cœur ouverts. Présentez-lui mes respects ainsi qu'à Mme Amitié et à elle aussi les amitiés de ma femme. Dites à Amitié qu'à son âge il est impardonnable d'être si souvent et si longtemps malade. Décidément, il ne se soigne pas. Je lui ai conseillé des exercices à pied : il paraît qu'il ne m'a pas écouté.

« Dites à Pinkombe que j'ai lu son *Insecticide* et que je l'en complimente. C'est à forte dose et bien épicé. Le seul dommage, c'est que la feuille est très mal imprimée. Qu'il porte ses soins à cet égard et il pourra compter sur un très grand succès.

« Je serre la main à Pinkombe comme à un ami, à un frère. Ma femme envoie ses amitiés à la famille Pinkombe.

. . . .

« SALOMON. »

Voici la proclamation de M. Anténor Firmin :

« LIBERTÉ. — ÉGALITÉ. — FRATERNITÉ.
« RÉPUBLIQUE D'HAITI
« Anténor Firmin,
« *Président du Conseil exécutif.*

« **Proclamation au peuple et à l'armée.**

« L'infâme gouvernement de Port-au-Prince continue son œuvre néfaste.

« Il a tellement excité les gouvernements étrangers contre notre cause, qu'il a enfin porté un *croiseur allemand* à bombarder dans notre rade des Gonaïves la canonnière *La Crête-à-Pierrot*, qui y était ancrée.

« Surpris, notre navire n'a pu se défendre : l'amiral Killick s'est immortalisé en le faisant sauter, Il a reçu la mort des braves.

« Boisrond Canal et les anti-patriotes qui l'entourent rendront compte de cet acte devant l'histoire.

« Jamais l'étranger n'aurait pensé à agir aussi brutalement contre nous, sans la demande de cet homme, qui a voulu se venger ainsi de la saisie régulièrement faite par nous des armes et munitions envoyées à ses complices du Cap, sur le vapeur *Markomannia.*

« Haïtiens, honte à tous ceux qui, oubliant leurs devoirs envers la patrie, en appellent à l'étranger pour l'avilir.

« Les quinze coups de canon tirés sur la *Crête-à-Pierrot*, déjà en feu, au lieu d'ébranler mon courage, l'ont raffermi.

« Je resterai à la hauteur de mes devoirs.

« Dessalines, illustre fondateur de notre indépendance nationale, et toi, Pétion, et toi, Capoix, plus brave que la mort elle-même, vos âmes sublimes planaient, muettes, sur cette généreuse ville des Gonaïves pendant cet acte d'agression inique.

« Mais je jure, avec les braves citoyens et soldats qui m'entourent, de conserver intact l'honneur national.

« Vive l'amiral Killick !

« Vivent les héros fondateurs de l'indépendance nationale !

« Vivent les institutions !

« Vive la nation haïtienne !

« Donné au Palais national des Gonaïves , le 6 septembre 1902, an 99ᵉ de l'indépendance.

« A. Firmin. »

Ce sont devant Dieu, devant les hommes, et devant l'histoire de leur pays, deux fameux révo-

lutionnaires que les signataires de ces deux pièces. Mais Salomon était prudent, réfléchi, laissant
aux autres le soin de faire des bêtises, au contraire de M. Firmin, qui ne semble que téméraire...

31 *décembre* 1904.

L'année va finir dans quelques minutes. Je
veille un peu tard, ce soir, en son honneur.
Depuis deux ou trois jours, sans discontinuer,
l'autorité fait tirer des bombes, des décharges
d'artillerie, des coups de canon un peu partout,
pour célébrer sa clôture. On l'enterre dans les
plus grands honneurs. On lui fait un gala de
général de division.

Elle a été riche de mauvais souvenirs et de
lourdes déceptions.

Deux faits l'ont illustrée : l'émission totale des
13 millions de gourdes et le procès de la Consolidation. Il faut constater — et cela est de l'impartialité — que la ténacité du général Nord, dans le
recul et le lointain des mois écoulés, domine cette
année avec, il semble, une sorte de grandeur. Et
cette ténacité, précisément, ne s'est attachée qu'à
ces deux seuls faits. Partout ailleurs, il est vacil-

lant, hésitant, dans les affaires publiques, dans l'administration, où il porte parfois une activité plutôt oiseuse. Mais là, dans l'émission et le procès des consolidards, il n'a jamais varié. Toute son énergie et toute sa résolution se sont cristallisées là. Il n'a pas bronché, et n'en a pas bougé. Il est resté un roc, solide en sa conviction.

Maintenant que je suis à méditer au seuil de l'année nouvelle, et au moment d'écrire sur la page blanche qui est à côté : « 1er *janvier* 1905 », je me pose cette question : Cet homme, dans sa lutte contre les partis, acharnés à la guerre civile, n'a-t-il pas vu clair, plus clair peut-être que n'aurait vu un esprit autrement doué, mais embarrassé des scupules que lui n'a pas même soupçonnés ? Car, en même temps qu'il faisait son émission, parce que, selon lui, un gouvernement sans argent n'est rien, il a fait le procès de la Consolidation, qui a obligé le pays à marcher avec lui, à le soutenir dans une œuvre saine... »

Je pose la question et ne la résouds pas. Si on ne considère que le milieu, il y a eu là un certain savoir-faire pratique, qui est personnel à l'homme. Et il est à supposer que, naguère, il a existé en lui une grande énergie, une vraie force de volonté, quand l'âge ne l'avait pas encore asservi... Pensez-donc ! Tenir les rênes d'un pouvoir omnipotent quand on a dépassé depuis longtemps quatre-vingts ans, qu'on est à demi-aveugle, que, simplement militaire, on n'a aucune des ressources de l'esprit pour suppléer aux infirmités, c'est original, c'est prodigieux. Cependant, et c'est là le malheur de cet état physique et moral, on est fatalement tributaire, plus que jamais aucun chef d'Etat haïtien ne l'aura été, de l'entourage, qu'on le veuille ou non.

On affirme que le général Nord ne le veut pas, qu'il s'en irrite, qu'il s'en affranchit par moment violemment, que ce soupçon même de son servage le met en fureur. Vains efforts ! Malheureusement, toute évasion lui est impossible. Il est rivé, de par son âge, de par sa cécité, de par son insuffisance intellectuelle, aux ténèbres intéressées dont il est le prisonnier, quels que soient son désir, sa volonté de les chasser, de voir clair autour de lui... L'homme vaut mieux que l'entourage et il est condamné à le subir.

Société anonyme de l'imprimerie Kugelmann (L. Cadot, directeur)
12, rue de la Grange-Batelière, Paris.

FRÉDÉRIC MARCELIN

<table>
<tr><td>

Ducas-Hippolyte
(Biographie d'un poète haïtien)

La Politique
(Discours à la Chambre des Députés)

La Banque Nationale d'Haïti

Questions haïtiennes

Le Département des Finances et du Commerce d'Haïti

Les Chambres législatives d'Haïti (1892-94)

Choses haïtiennes
(Politique et Littérature)

Haïti et sa Banque Nationale

Nos Douanes (Haïti)

Haïti et l'Indemnité française

Une Evolution nécessaire

</td><td>

L'Haleine du Centena

Le Passé
(Impressions haïtiennes)

Autour de deux Roma

Thémistocle-Ipaminondas **Labaste**
(OLLENDORFF)

La Vengeance de Ma
(OLLENDORFF)

Marilisse (OLLENDORFF)

La Confession de Bazou
(OLLENDORFF)

Erreur et Vérité
(Au Corps législatif d'Haïti

Le Général Nord Alex
(1905), Tome I

Le Général Nord Alex
(1906-07), Tome II

Le Général Nord Alex
(1908), Tome III

</td></tr>
</table>

Paris. Soc. an. de l'Impr. Kugelmann (L. Cadot, dir.), 12, rue Grange-Batel